基于乐动掌控

王克伟 赵亮 王烁晗
主编

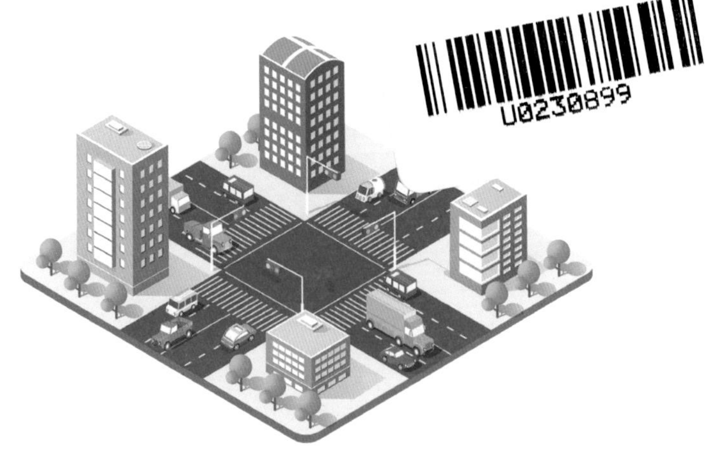

化学工业出版社
·北京·

内容简介

本书采用全彩图解、情境导入的形式，通过生动有趣的案例，介绍了利用乐动掌控板和mPython编程平台进行物联网项目开发的思路及技巧。

本书共分智慧校园、智能家居、智慧交通、智慧农业四个主题，通过点亮物联网小灯、校门口测温、教室人数统计、噪声检测器，智能风扇、智能调光灯、智能之窗、智能安防，智慧交通灯、车辆计数管家、物联小车动起来、物联小车巧避障以及智能避光系统、温湿度通风、智能浇灌、聪明的蘑菇棚等，让读者从多角度感受万物互联的智能时代。全书以STEM教育为理念，提倡在玩中学，每个实例都按照“做-试-创”循序渐进的思路进行设计，使知识和技能的学习效果螺旋式上升。

本书适合中小学生及教师、物联网技术初学者等学习使用，也可以用作相关培训机构的教材及参考书。

图书在版编目（CIP）数据

玩转物联网 ： 基于乐动掌控 / 王克伟， 赵亮， 王烁晗主编. -- 北京 ： 化学工业出版社， 2024. 10.

ISBN 978-7-122-46072-1

Ⅰ. TP393.4

中国国家版本馆 CIP 数据核字第 2024BT2300 号

责任编辑：耍利娜
文字编辑：袁玉玉　袁　宁
责任校对：宋　玮
装帧设计：王晓宇

出版发行：化学工业出版社
（北京市东城区青年湖南街13号　邮政编码100011）
印　　装：北京瑞禾彩色印刷有限公司
710mm×1000mm　1/16　印张13　字数212千字
2025年1月北京第1版第1次印刷

购书咨询：010-64518888
售后服务：010-64518899
网　　址：http://www.cip.com.cn
凡购买本书，如有缺损质量问题，本社销售中心负责调换。

定　　价：59.90元

本书编写人员名单

主　编：王克伟　曲阜师范大学教育学院教育博士　临沂龙腾小学

赵　亮　山东省教育科学研究院

王烁晗　临沂三河口小学

副主编：于　敏　临沂高都小学

孙　超　曲阜师范大学教育学院

张东霞　曲阜师范大学教育学院

李正伟　临沂柳青苑小学

吴泽政　临沂三河口小学

宁同亮　济南市历下区历山学校

参　编：赵真真　临沂龙腾小学

李蕾蕾　临沂龙腾小学

张晓飞　临沂市信息工程学校

英成良　临沭县实验小学

徐　兵　冠县实验中学

张燕红　济宁高新区发展软环境保障局教研室副主任

李秀美　齐河第五中学

前言

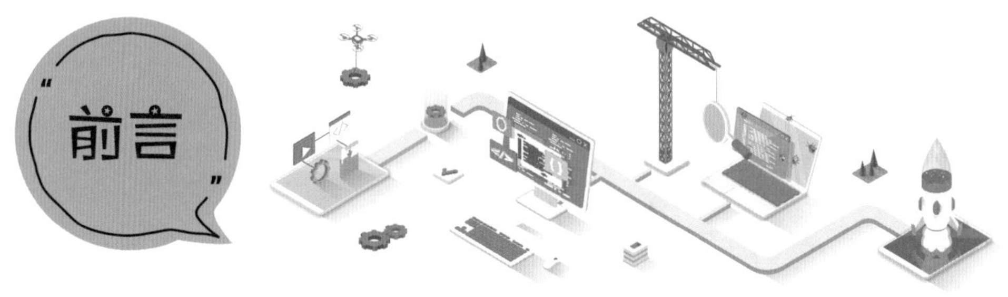

本书面向图形化编程、物联网初学者，采用mPython编程平台，通过详细的图文讲解，配合丰富的示例让读者全面体验物联网的价值和功能，通过智慧校园、智能家居、智慧交通、智慧农业四个领域的物联网探究，增强学习编程的趣味性，让读者在编程中体验科学探究的乐趣，感受在解决问题过程中成功挑战的喜悦，逐渐提高创新能力和实践能力，让读者有足够的能力去设计、创造未来的世界。

本书主要利用乐动掌控及mPython编程平台实现四个主题，即智慧校园、智能家居、智慧交通、智慧农业的设计与创作，旨在让读者从多角度感受万物互联的智能时代。在内容结构上，分步骤引导读者去思考，注重对读者问题意识、思维方式的培养。

第一章智慧校园，设计点亮物联网小灯、校门口测温、教室人数统计、噪声检测器四部分内容。第二章智能家居，设计智能风扇、智能调光灯、智能之窗、智能安防四部分内容。第三章智慧交通，主要涉及智慧交通灯、车辆计数管家、物联小车动起来、物联小车巧避障四部分内容。第四章智慧农业，以搭建蘑菇棚项目为主线，主要涉及温湿度通风、智能避光系统、智能浇灌的内容。

本书编者皆为学校一线信息技术老师，教育教学经验丰富，深知学习者心理；学习内容安排科学，乐动掌控和mPython图形化编程软件的结合，能够激发读者的无限想象。同时，丰富的内容能让学习者发现图形化编程和物联网结合的魅力，使其在一个个物联网项目创作中提升科学素养与技能，为其持续学习创客技术奠定坚实的基础。

本书是山东省教育科学“十四五”规划课题“小学阶段科技教育课程开发与实践创新研究”（课题编号：2023ZC038）阶段性研究成果。

由于编者水平和精力有限，本书难免存在不足之处，还望广大读者批评指正。

编　者

目录

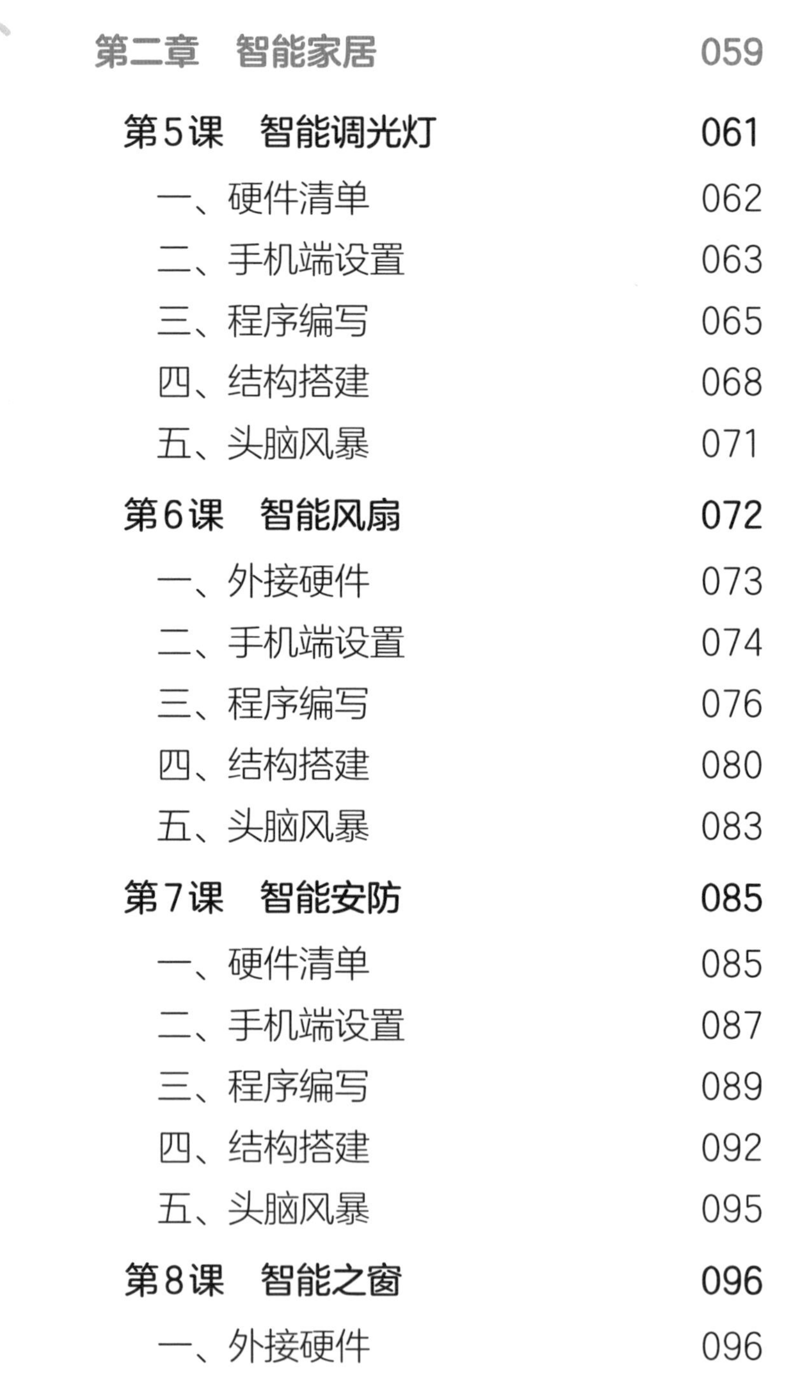

引言

物联网知多少

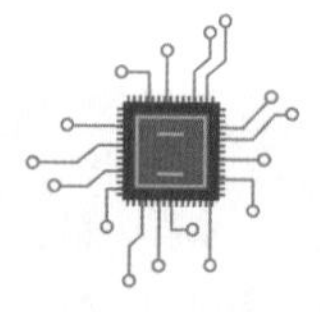

一、物联网简介

出差时你是否担心自己的农场该浇水了？别担心，现实版“手机农场”可以运行于Android手机上，不管你身在何处，只要通过网络访问相关的服务器，便可以通过布置的固定摄像头清晰地看到自己家的农场，当然也可以远程照料农作物……

要想实现这些功能需要用到物联网技术。在本章中，让我们一起了解物联网的基础知识，走进物联网的神奇世界。

（一）什么是物联网

物联网（internet of things，IoT），就是所有的物品都与互联网相连，即万物相连的互联网，是在互联网基础上延伸和扩展的网络，是将各种信息传感设备与互联网结合起来而形成的一个巨大网络，可以实现在任何时间、任何地点的人、机、物的互联互通。

（二）物联网的应用案例

（1）远程监控　利用物联网技术，即使人们出门在外，也可以利用手机等客户端进行远程监控，还可以在任意时间、地方查看监控区域内任何一角的实时状况，排除安全隐患。

（2）智慧交通　物联网技术在道路交通方面的应用比较成熟。高速路口设置电子不停车收费系统（简称ETC)，免去进出口取卡、还卡的时间，提升车辆的通行效率。

（3）智能浇花　花盆内可以检测土壤湿度，同时还能搜集室内的温度和湿度，根据具体的数据分析以及植物生长环境确定植物是否“渴了”，如果植物需要水分时，花盆便会自动地浇水。

二、mPython编程软件基础

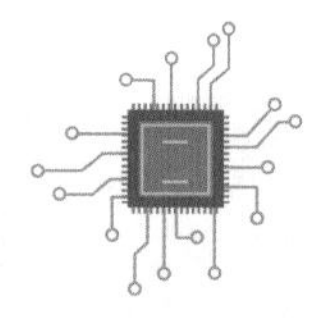

mPython是盛思技术团队在BBC官方原版PythonEditor基础上拓展开发的应用软件。其可以进行可视化代码编程，不依赖网络，可离线安装使用；有hex、python、blockly三种代码读写等功能，可以在云端存取项目。

（一）mPython的下载与安装

可在官方网站下载mPython。

下面以安装Windows64位版本mPython 0.7.4为例介绍mPython的安装过程。

① 双击mPython安装包

，弹出如右所示的窗口，点击“下一步”。

② 点击“浏览”即可自定义mPython的安装路径，并点击“下一步”。

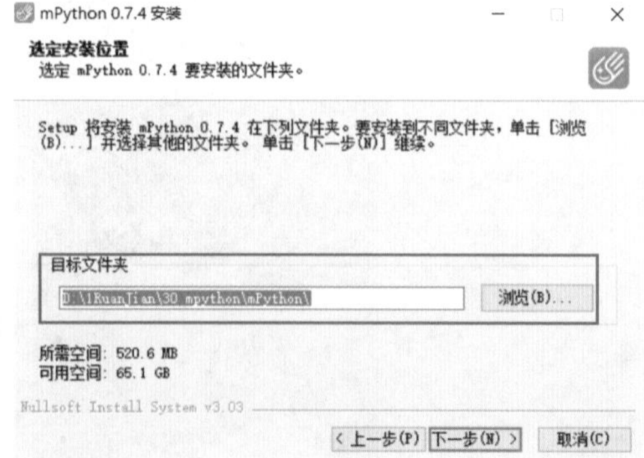

③ 勾选需要选定安装的组件，并单击“安装”开始安装软件。勾选“python”和“jupyterlab”相当于内置pythonIDE，可以做python代码编程。

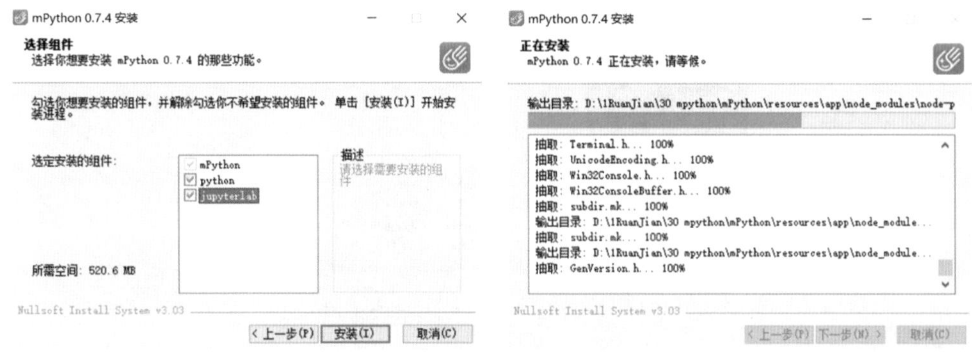

④ 安装进度到最后时，弹出安装CP210x驱动的窗口，如下所示，点击“下一步”。

⑤ 在弹出的窗口选择“我接受这个协议”，并点击“下一页”。

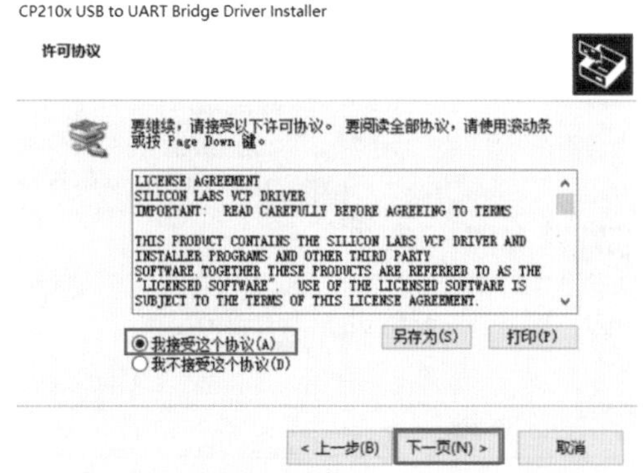

⑥ 点击“完成”即可完成CP210x驱动的安装。

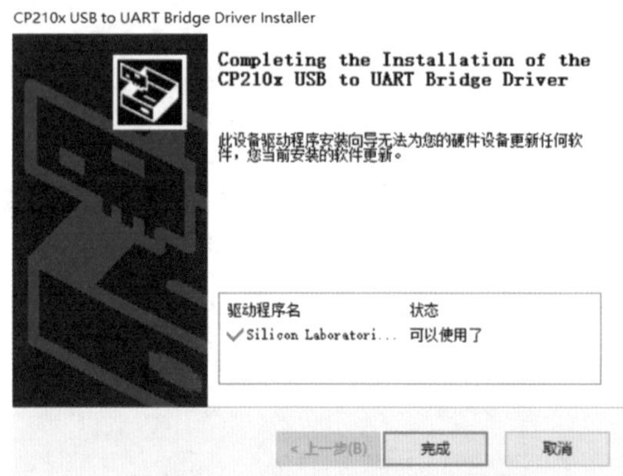

⑦ CP210x驱动安装完毕后，继续弹出“FTDI CDM Drivers（转串口接线驱动）”安装窗口，点击“Extract”，进行安装。

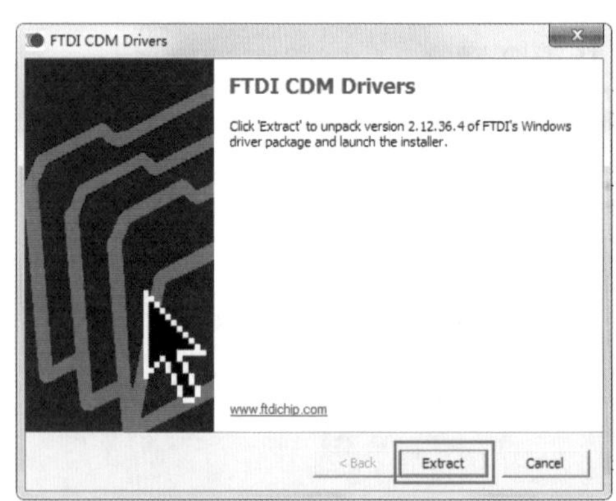

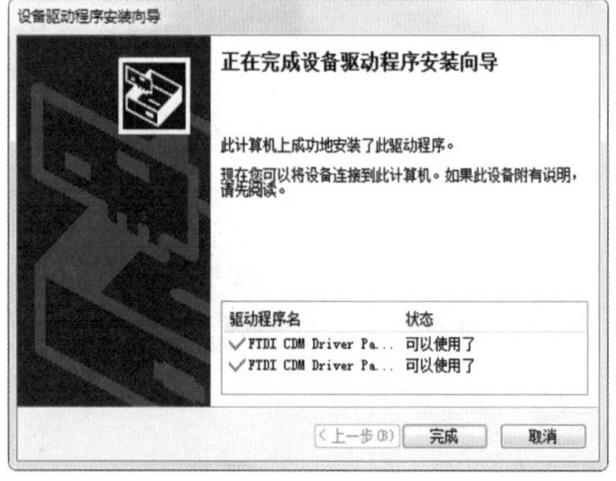

⑧ 继续根据弹出的窗口安装CH343SER.INF驱动，点击“安装”即可。

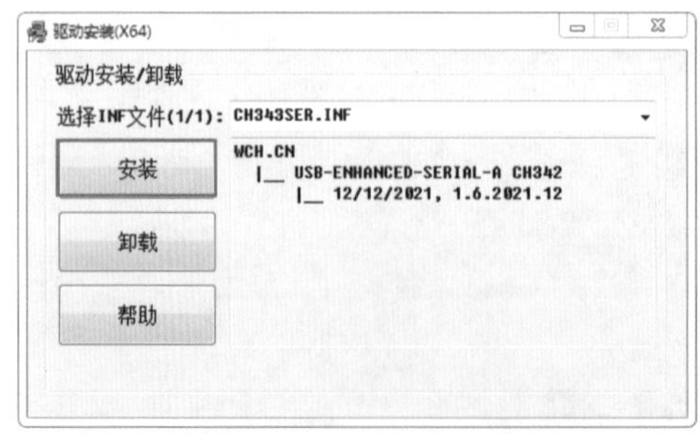

⑨ 所有驱动安装成功后，点击“下一步”，即可完成mPython软件的安装。

（二）初识mPython

mPython具有指令编写、程序编译、程序上传、指令保存、界面缩放、模块导入导出、模块管理等功能，同时它的编程界面简洁明快、预置模块丰富。下图是mPython软件编程界面的各个功能区。

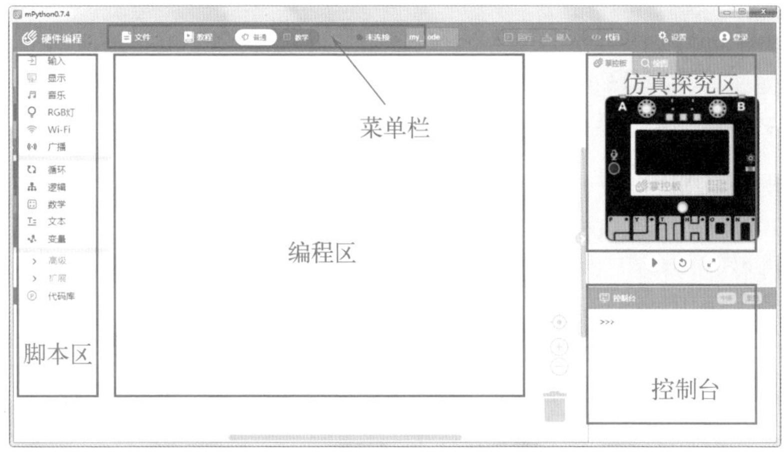

（三）软件使用

mPython软件安装完毕，通过USB连接乐动掌控后，只要在“串口”菜单下找到对应的COM口就可以了。

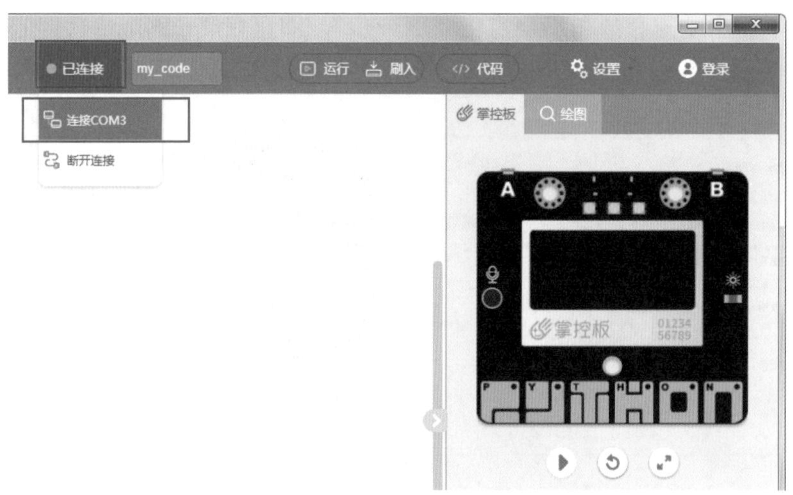

1. 串口的选择

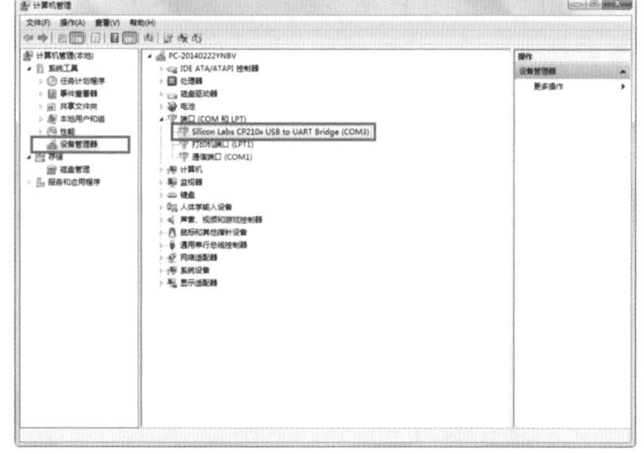

一般来说，当乐动掌控连接电脑后，端口会自动识别。如果端口没有识别，可以右键单击计算机（或我的电脑）选择“管理”，在弹出的“计算机管理”窗口中选择“设备管理器”，展开“端口（COM和LPT）”，找到带有“Silicon Labs CP210x USB to UART Bridge（COM3）”的串口号，不同的计算机对应不同的串口号。

2. 刷入程序

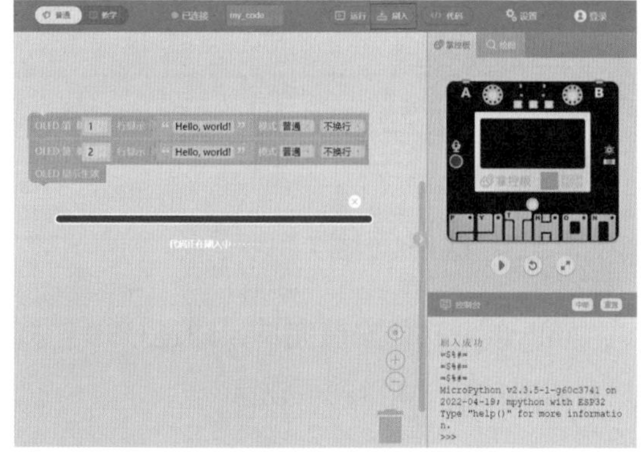

单击“刷入”按钮后，会将“指令块”翻译成计算机可以“读”懂的语言。当然，在刷入程序之前一定要先编写好程序。

把程序刷入乐动掌控，重启后还会继续执行刷入的程序。

（四）更改主控

mPython默认主控为掌控板，而本书所用的掌控板为“乐动掌控”，我们可以点击“设置”—“高级设置”，在弹出的对话框中点击“更换主控”，把掌控板更改为“乐动掌控”。

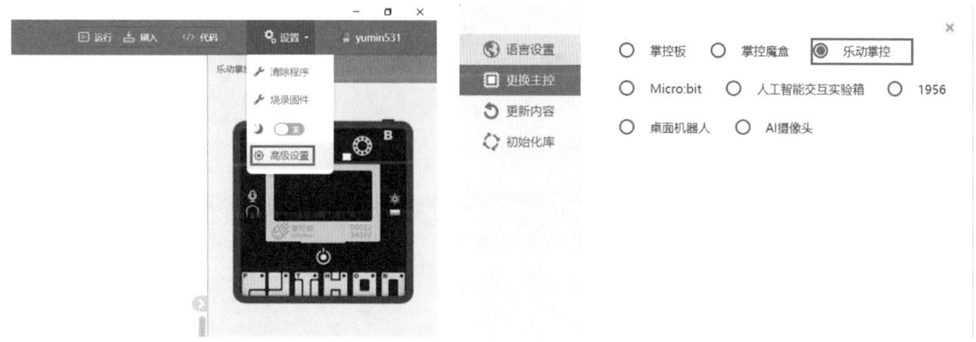

（五）添加拓展模块

在编写程序前，在脚本区点击“扩展”—“添加”，在弹出的窗口中添加需要的拓展块，比如添加传感器中的温湿度传感器，点击“加载”即可。

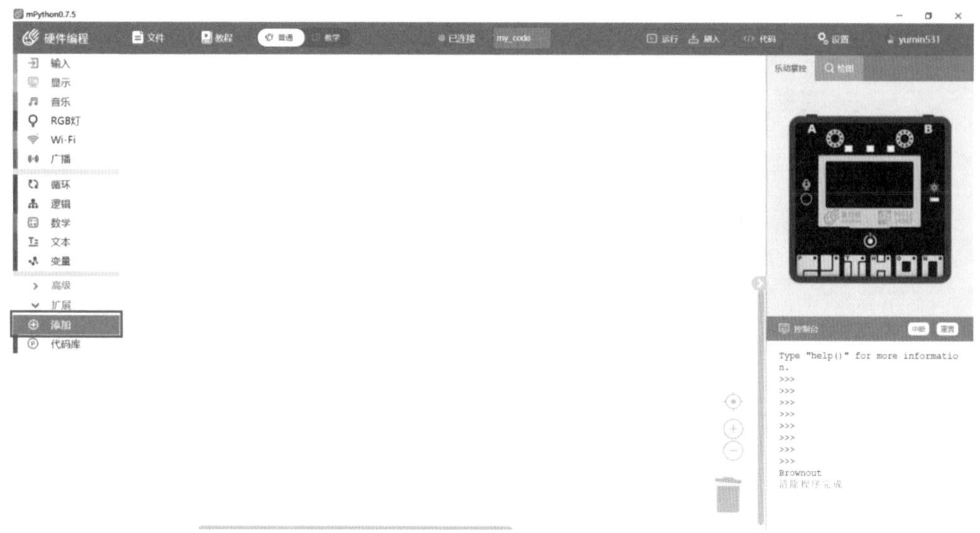

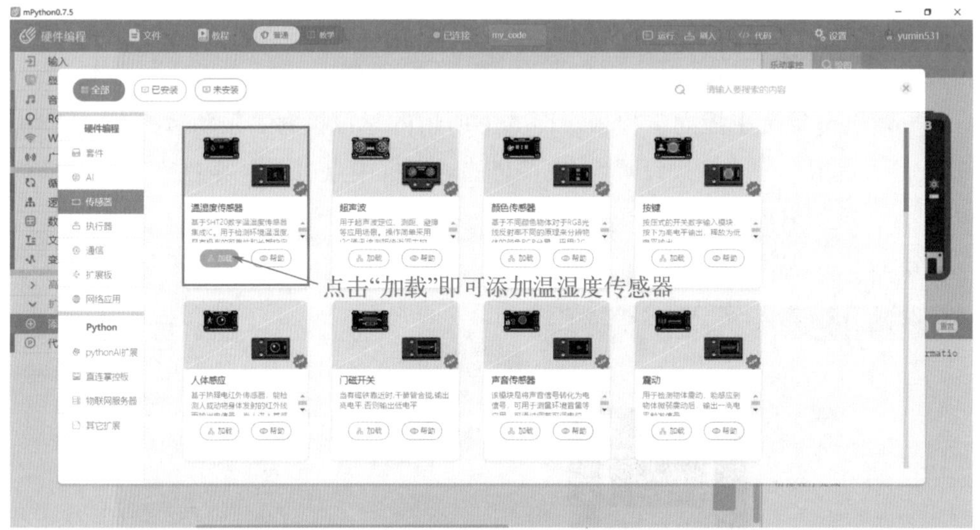

（六）乐动掌控概述

1.认识乐动掌控

乐动掌控采用掌控板作为主控，在掌控板的基础功能上增加了可拓展积木结构件接口，在侧面和底面开放多个乐高拓展孔位，兼容乐高，可完成多种创意应用，拓展更强大的乐动掌控。

乐动掌控概览图如下所示。

概览图（正面）

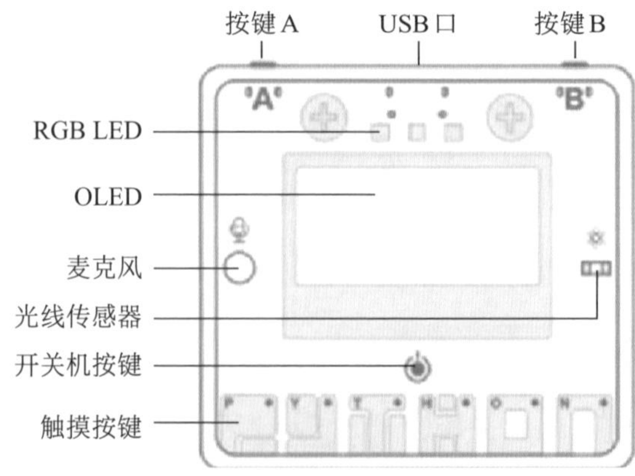

概览图（上、下）:

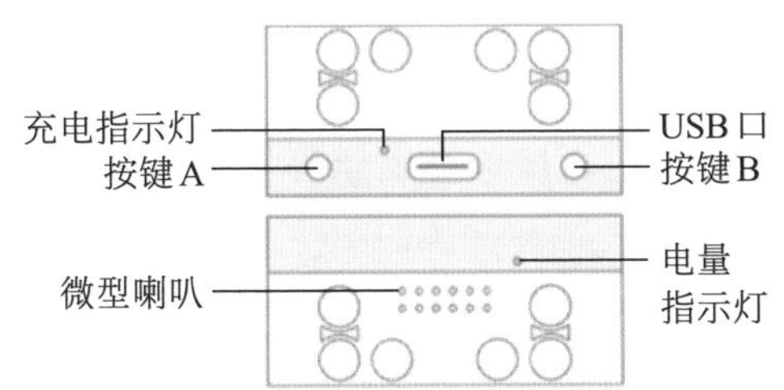

概览图（左、右）:

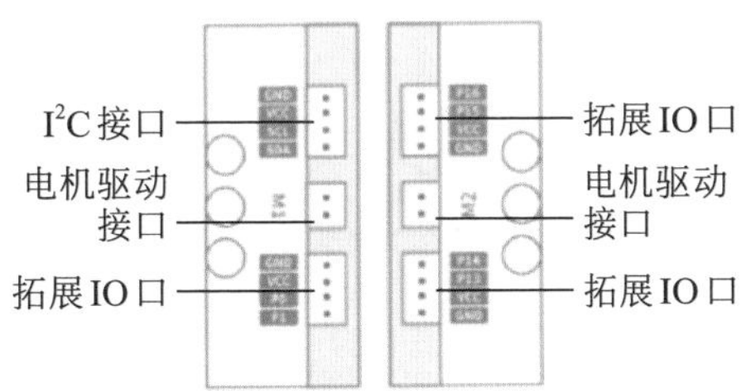

2. 了解乐动掌控

（1）按键A/B　乐动掌控上部边沿有A、B两个侧向按键，按键按下的状态可以用来控制代码运行。比如按键按下时LED灯亮起，松开时熄灭。

（2）OLED显示屏　乐动掌控的正面是一个OLED显示屏，其分辨率为128×64。显示屏可显示文本（支持简体中文、繁体中文、英文、日文、韩文等语言字符）、图像和动画。

（3）RGB LED　乐动掌控有3个RGB LED灯，可单独控制且显示任意的颜色。

（4）蜂鸣器　乐动掌控下面一个微型喇叭，可发出不同的音调，还可以播放音乐，比如发出do、re、mi、fa、sol、la、si的效果。

（5）麦克风　乐动掌控的正面，左侧有一个麦克风，通过麦克风，乐动掌控可以"听到"周围的声音。

（6）光线传感器　乐动掌控的正面，右侧有一个光线传感器，可以感知周边环境光线的明暗变化。

（7）三轴加速度传感器　乐动掌控内置一个三轴加速度传感器，通过传感器可获取自身的运动状态，比如前/后倾斜、左/右倾斜、摇晃、加速、减速，甚至可以用它来检测自由落体。

（8）Bluetooth　蓝牙功能可让乐动掌控连接其他的电子设备，比如手机、平板等。

（9）Wi-Fi　Wi-Fi功能可让乐动掌控接入网络，获取互联网世界的各种资源，实现真正的物联网。通过Wi-Fi网络，乐动掌控之间也能轻松互联。

（10）USB接口　乐动掌控通过USB接口连接电脑，下载程序。同时USB接口也为乐动掌控提供电源。

（11）触摸按键　乐动掌控正面下边沿是6个触摸按键，依次为P、Y、T、H、

O、N，可检测是否被触摸，通过触摸按键可控制电机、LED灯等。

（12）磁场传感器　检测磁场的磁感应强度大小，可感应到磁场实现指南针等应用。

（13）语音助手　乐动掌控可连接天猫精灵、百度语音助手等，接收服务端发送来的语音指令，实现语音识别、语音控制、人工智能等应用。

（14）开关机按键　乐动掌控正面有一个开机键，当需要开启或重启乐动掌控时，可按开关机按键。

乐动掌控外接元器件例图如下所示。

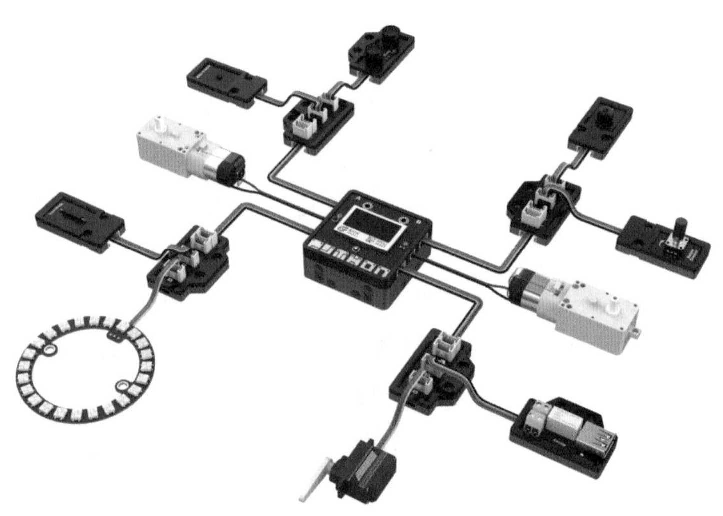

延伸与扩展

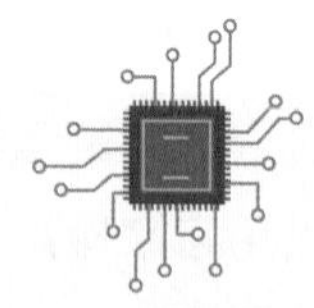

各种各样的智能物联网系统，充斥在我们生活的各个角落。自动门之所以能够感应到有人经过，是因为用到了人体红外传感器；声控灯之所以能够声控点亮，是因为用到了声音传感器。观察身边的智能物联网系统，搜索一下它们用到了哪些传感器以及可以检测到什么信息。

找一找身边的物联网案例，说一说物联网给人类生活带来的变化。

第一章
智慧校园

项目名称：智慧校园生活

项目目标

了解物联网在学校方面的应用，通过了解果果、可可在学校的学习过程，利用物联网技术让果果、可可在学校的生活变得更加便捷、方便；感受和体验物联网在校园中的应用，学会利用物联网，能结合生活实际设计一个智慧校园生活的项目。

项目过程

设计思考：通过资料的收集与整理，设计一个智能校园生活的项目。

制作作品：通过调研、观察等方式，了解学校里存在的一些问题，通过交流找到问题的解决方向，设计智慧校园生活。

改进优化：提出实现智慧校园生活的优化策略，完善方案并交流。

交流分享：将制作过程中的快乐与朋友、家人分享。

项目总结

完成本章项目后，各小组提交项目学习成果（包括思维导图、项目学习记录单、项目成果等）。开展作品交流与评价，体验小组合作、项目学习和知识分享的过程，认识物联网在校园生活方面的影响和价值。

第1课　点亮物联网小灯

果果，我们要用物联网完成智慧校园生活项目，你有什么想知道的吗？

怎么实现物联网的功能呢？你能告诉我吗？

好的，让我们先来认识能够与掌控板互联互通的微信小程序“掌控板物联网”吧！

data5　点击刷新

1
0.60
0.20
-0.20
-0.60
-1
0

data4

请输入发送信息　发送

data0　data1

按钮

data2

data3

－　0　＋

保存

上图是“掌控板物联网”微信小程序的界面（本书简称微信小程序），现在，我们一起学一学它吧。

手机端设置

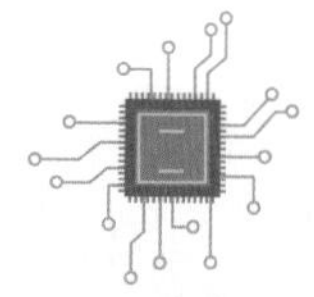

第一步：在微信中搜索“掌控板物联网小程序”。

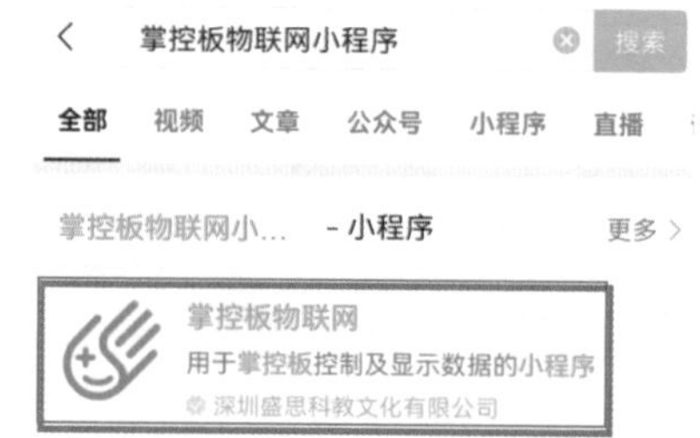

第二步：点击授权登录—微信用户一键登录。

第三步：添加掌控板。

“掌控板物联网”小程序分为“我的掌控板”“我的应用”“个人中心”三部分，默认登录后的界面为“我的掌控板”，点击“添加掌控板”，输入掌控板名称（可自定义），Mac地址为乐动掌控或掌控板正面12位串码。

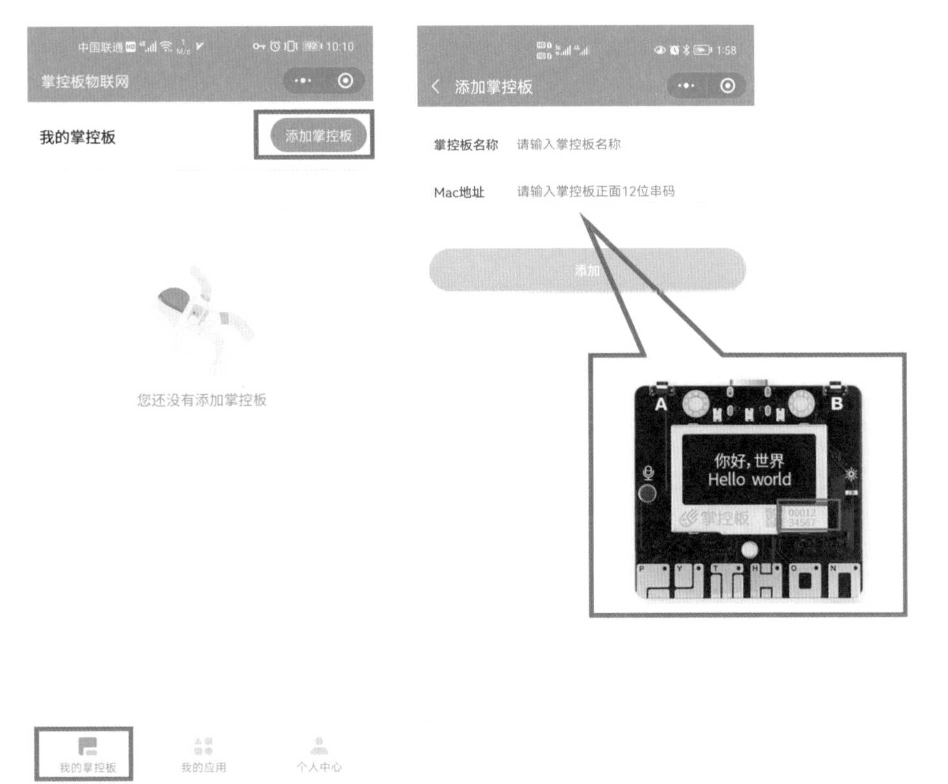

添加完成后，在“我的掌控板”中即可看到刚才添加的掌控板，如下图所示：

第四步：添加掌控板应用。

应用名称	组件名称	name值	功能
物联小灯	开关	led_con	控制RGB灯的开关状态

点击“我的应用”—“添加应用”，在打开的添加应用界面，默认有“开关”“按钮”“滑块”“步进器”“输入框”“折线图”六个组件，如下图所示：

输入应用名称为“物联小灯”，长按可删除选中的组件，只留下“开关”。

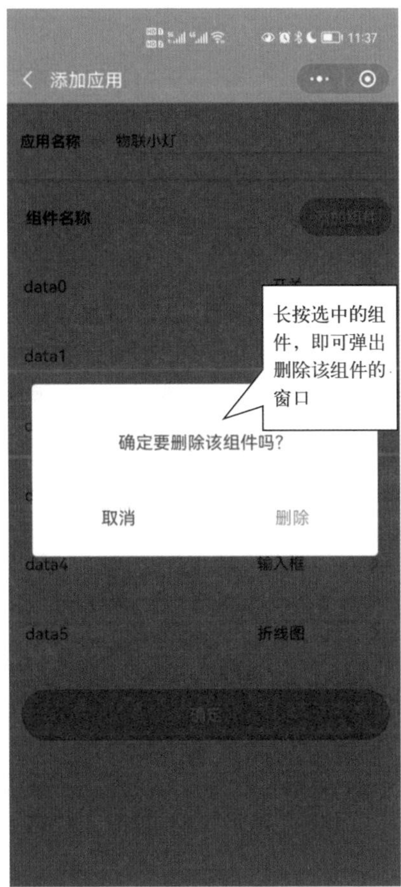

点击“开关”组件，进入“开关”参数设置界面。设置name为led_con，关值为0，开值为1，点确定即可。这些参数的作用是与掌控板进行互联，如下图所示：

微信小程序已添加掌控板及“物联小灯”应用，但是掌控板还是“离线”，只有当其变为“在线”时，才表示微信小程序连上了掌控板。

第五步：登录mPython账号。

打开mPython，点击右上角的登录，登录与微信账号绑定的手机号一致的mPython账号，点击“登录”。

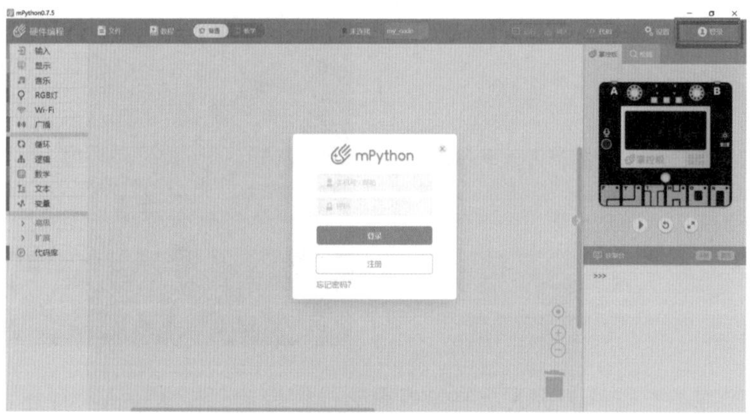

登录后，mPython右上角显示账户名称，如下图所示：

二、程序编写

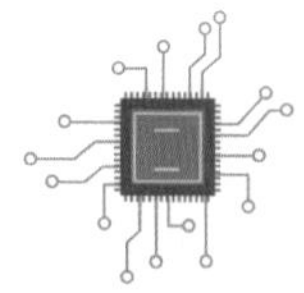

点击脚本区的“高级”—“微信小程序”，刚刚在微信小程序内设置的“乐动掌控”掌控板和其对应的应用已经出现在其中。

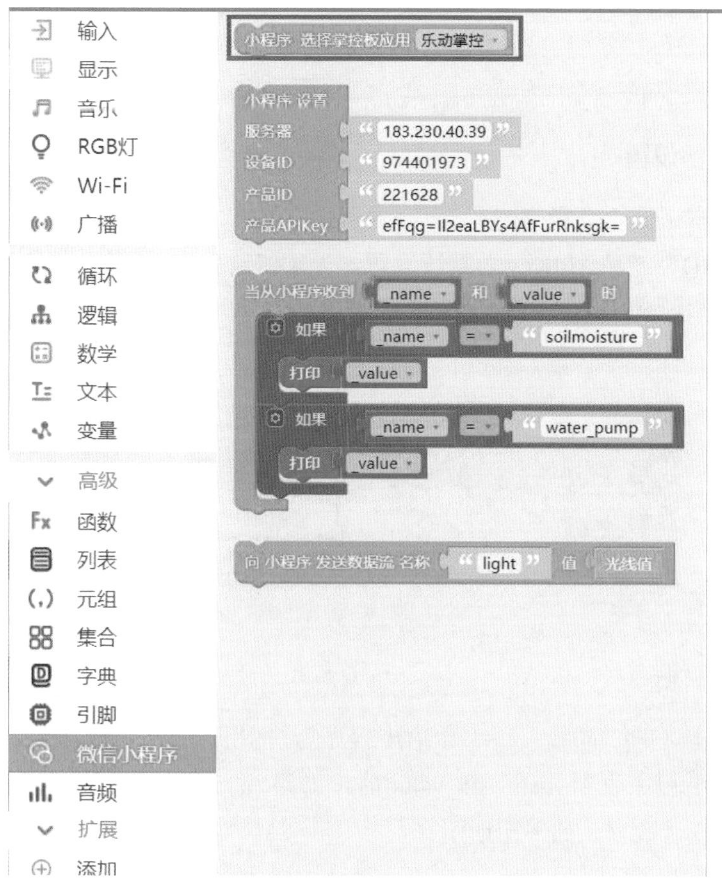

1.掌控板联网

单击脚本区的“Wi-Fi”，选择连接Wi-Fi积木块，并输入Wi-Fi账号及密码，如下图所示：

连接 Wi-Fi 名称 guokezhizao 密码 12345678，重试 5 次

2. 小程序选择掌控板

“掌控板物联网”小程序可以绑定若干个掌控板，通过“小程序 选择掌控板应用 乐动掌控”积木块右侧的“▾”即可选择目标掌控板，如下图所示：

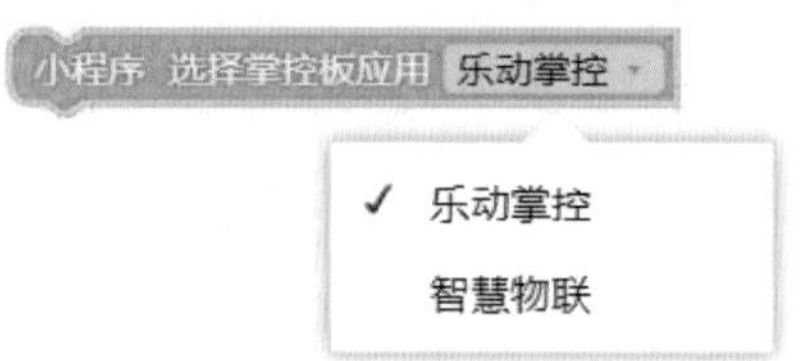

3. 小程序设置

点击脚本区的“高级”—“微信小程序”，拖出“小程序设置”积木块。服务器、产品ID、产品APIKey为默认设置，无须修改。应特别注意，设备ID和微信小程序掌控板的ID需一致，如下图所示：

4. 板机互联

点击脚本区的“高级”—“微信小程序”，拖出“当从小程序收到……”积木块。当从小程序收到_name和_value时，如果_name=led_con，打印_value值，便于控制台查看数据，如下图所示：

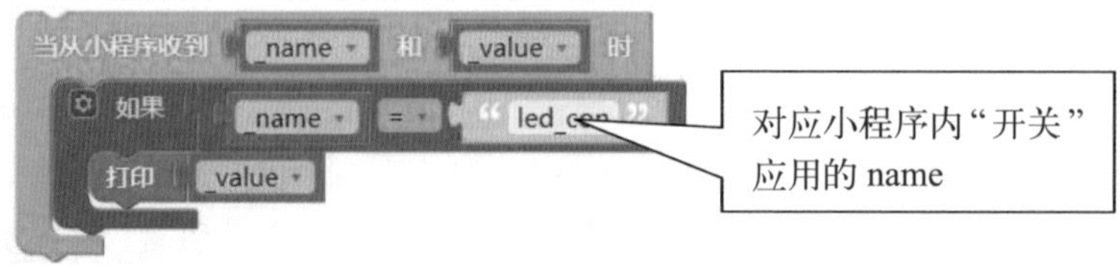

如果_value=1，点击脚本区“ RGB灯 ”模块分类，拖出“设置 所有 RGB灯颜色为”积木块，设置所有RGB灯颜色为红色；如果_value=0，拖出“关闭 所有 RGB灯”积木块，关闭所有RGB灯。如下图所示：

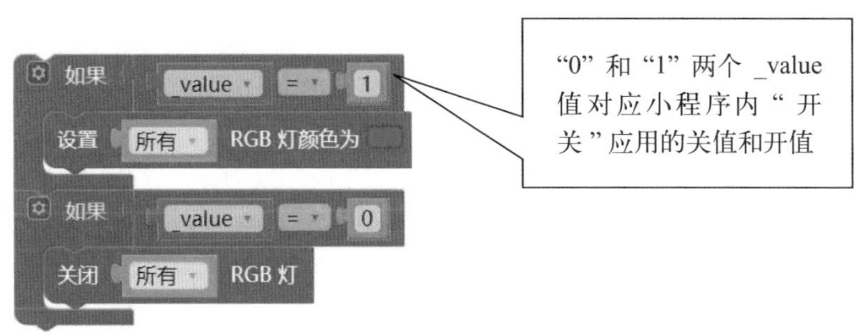

最终程序如下图所示：

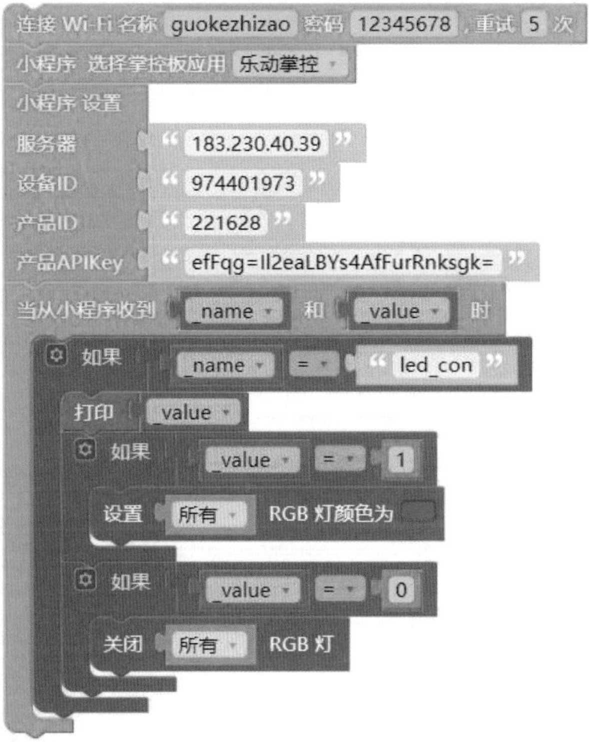

点击mPython的“刷入”按钮上传程序，上传成功后，微信小程序内的“乐动掌控”掌控板会显示“在线”，如下图所示：

如果从微信小程序收到的值等于1，那么设置所有RGB灯的颜色为红色；如果从微信小程序收到的值等于0，那么关闭所有RGB灯。

特别注意：“当从小程序收到……”积木块是一个监听器，可以实时监听数据，无须再使用“一直重复”积木块，否则程序会测试失败。

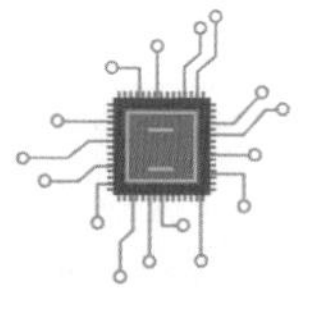

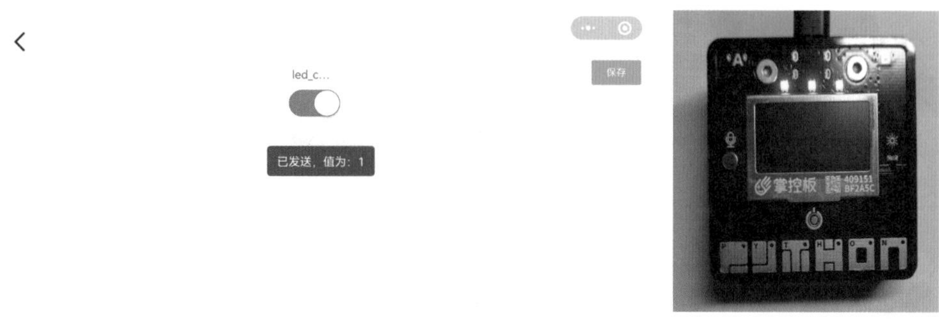

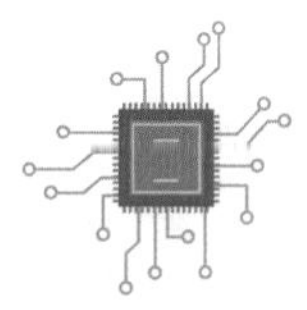

想一想，能不能利用“掌控板物联网”微信小程序控制掌控板的RGB灯发出不同的颜色的光，怎样去实现？

大家可以小组合作，尝试利用微信小程序控制掌控板的RGB灯发出黄色和绿色的光。

设计要求：

① 能够利用微信小程序控制掌控板的RGB灯发出黄色和绿色的光。

② 保证控制方式安全可靠。

第2课 校门口测温

我们现在知道了如何使用物联网，对于智慧校园生活，你有什么想法吗？

通过调研，发现很多同学反映：入校时，量体温比较麻烦。

是的，入校量体温需要等待时间，很麻烦，我们可以利用物联网做一个校门口自动测温装置。

程序规则：校园门口的温湿度传感器实时检测入校同学的体温，体温值实时显示在微信小程序中。当体温大于等于37.2℃时，RGB灯亮红色，蜂鸣器发出警报声；当体温小于37.2℃时，RGB灯亮绿色。

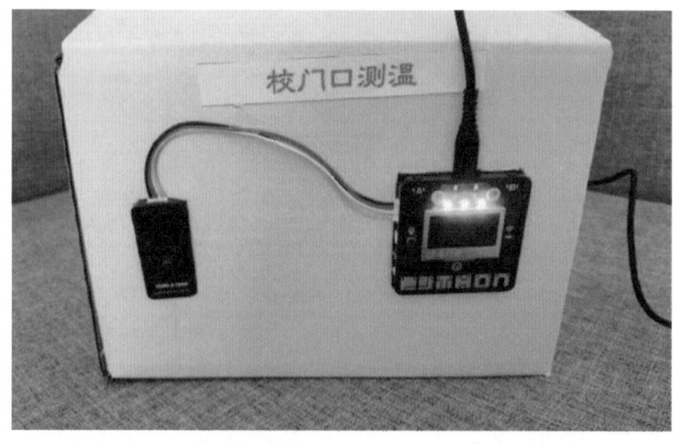

一、外接硬件

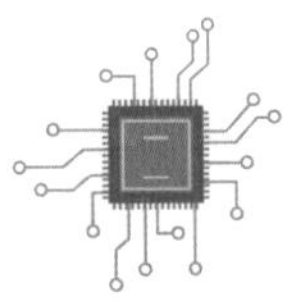

硬件	实物图	引脚	功能
温湿度传感器		I^2C	获取温湿度值

将温湿度传感器与乐动掌控的I^2C引脚相连，如下图所示：

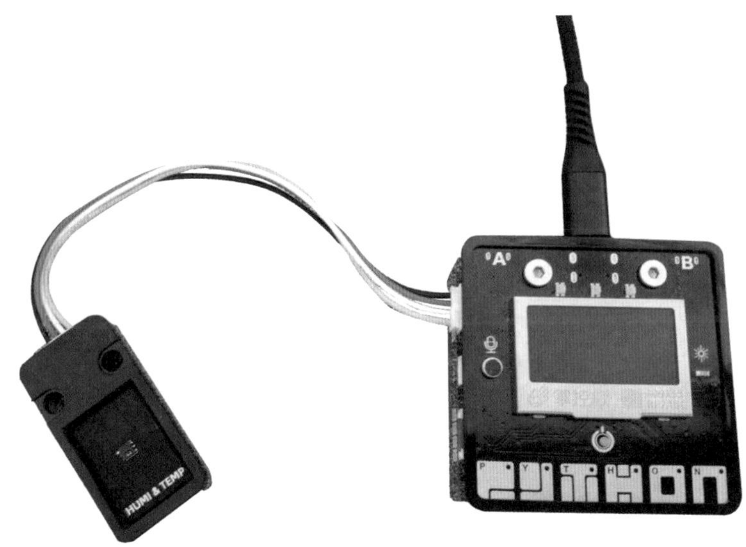

手机端设置

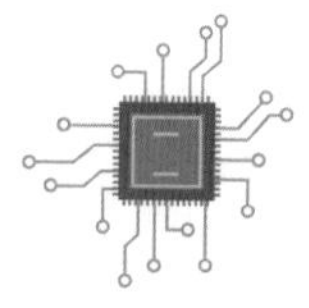

应用名称	组件名称	name值	功能
校门口测温	实时数据	temp	获取实时温度值

① 打开“掌控板物联网”微信小程序，点击“我的应用”—“添加应用”，应用名称为“校门口测温”，如下图所示：

②长按删除所有"组件"，点击"添加组件"，添加"实时数据"组件，如右图所示：

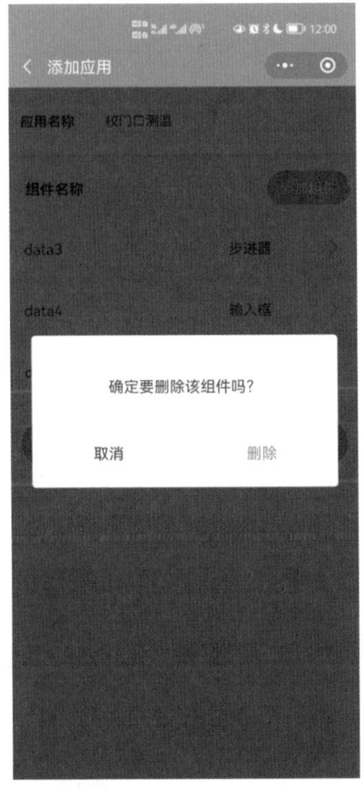

③修改"实时数据"的name值为temp，按"确定"即可添加"校门口测温"应用，如右图所示：

三、程序编写

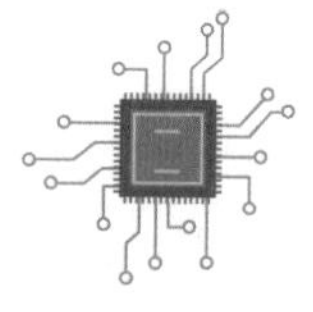

1. 添加“温湿度传感器”拓展块

点击脚本区的“拓展”—“添加”，在弹出的对话框中点击传感器，选择温湿度传感器加载即可，如下图所示：

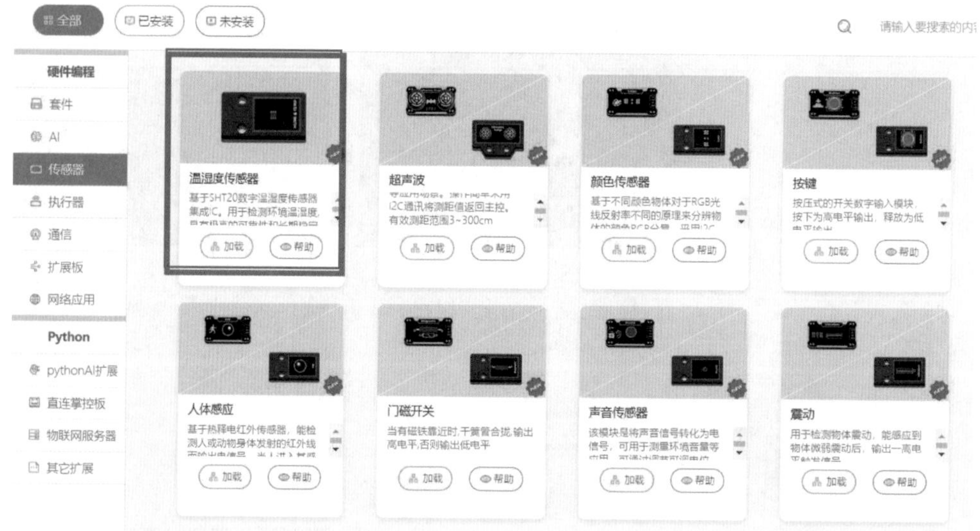

2. 掌控板联网

单击指令区的“Wi-Fi”，选择连接Wi-Fi积木块，并输入Wi-Fi账号及密码，如下图所示：

连接 Wi-Fi 名称 guokezhizao 密码 12345678，重试 5 次

3. 向微信小程序发送实时温度数值

向小程序发送数据流名称为在微信小程序添加的“实时数据”组件的name

值，即“temp”值。

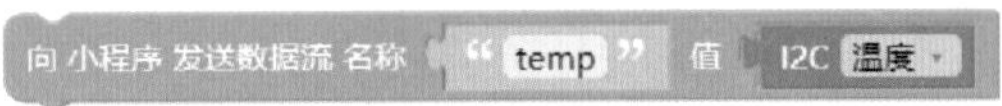

如果温度值大于等于37.2℃，设置所有RGB灯颜色为红色，蜂鸣器播放C3音调；否则设置所有RGB灯颜色为绿色，蜂鸣器停止播放音乐。

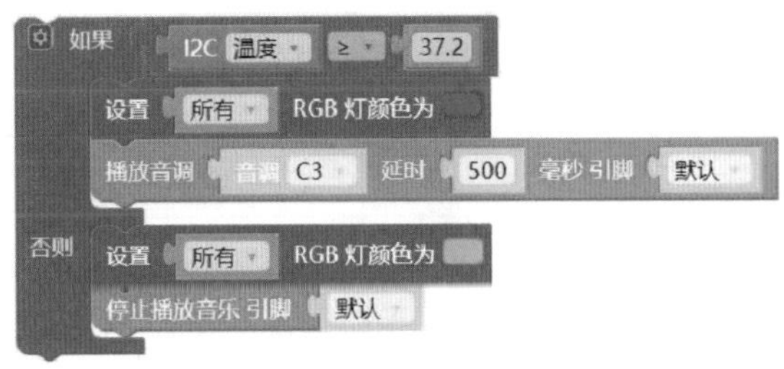

最终程序如下：

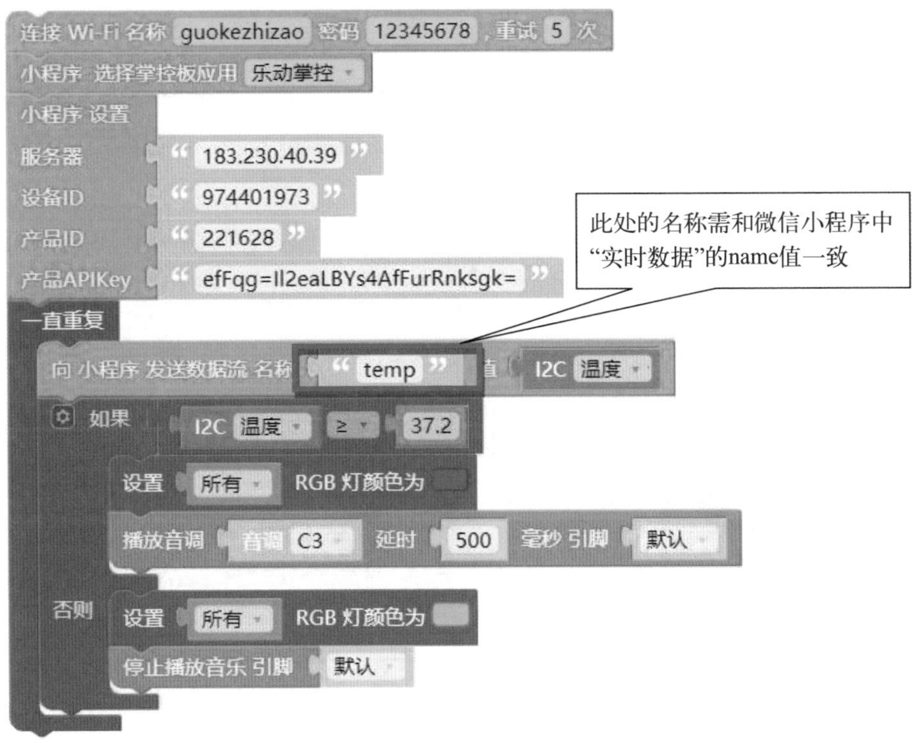

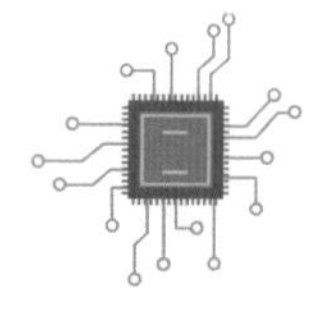

四、结构搭建

1.材料准备

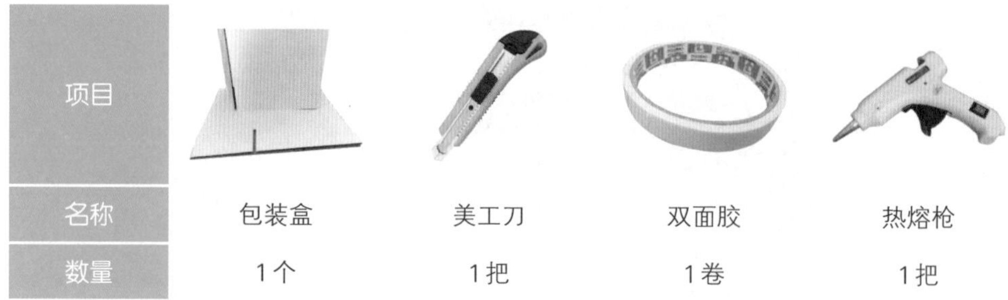

项目				
名称	包装盒	美工刀	双面胶	热熔枪
数量	1个	1把	1卷	1把

2.制作步骤

（1）预制外壳　打印“校门口测温”标题，并粘贴在包装盒合适的位置，根据乐动掌控及传感器的尺寸，对包装盒进行挖空裁切。

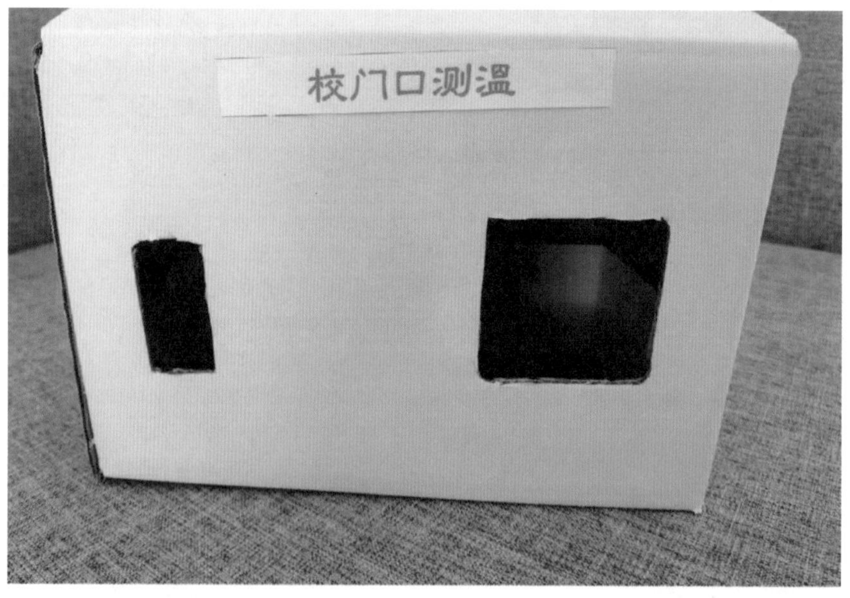

（2）元器件组装　将元器件安装在对应位置，并用热熔枪进行固定，上传测试程序。温度小于37.2℃，表明体温是正常的，所有RGB灯颜色为绿色；温度大于等于37.2℃，表明体温超过警戒值，此时所有RGB灯颜色为红色，同时蜂鸣器响起。同时，温湿度传感器测得的温度值会实时显示到微信小程序上。

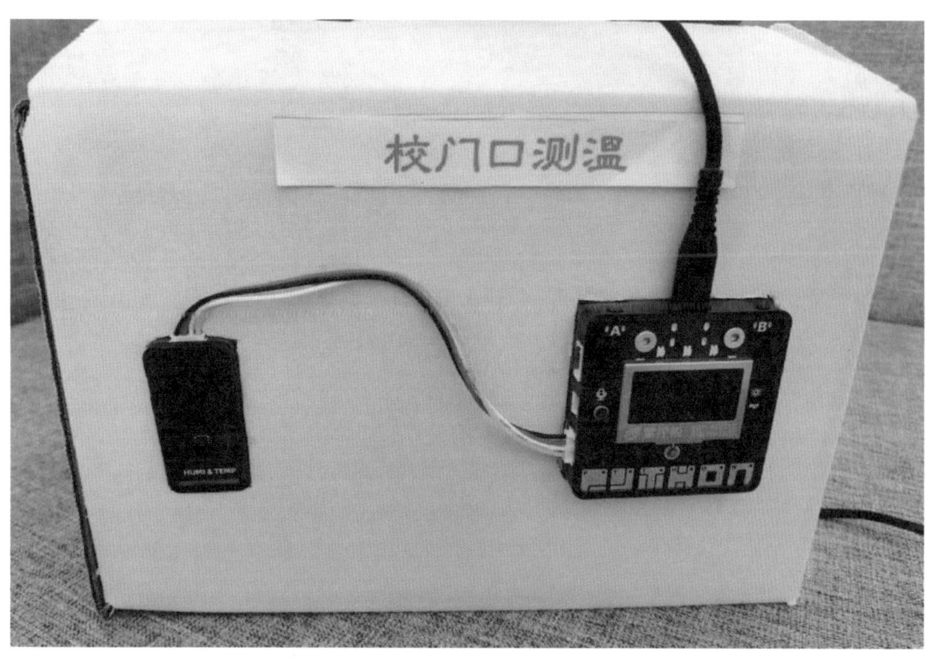

（3）效果演示　实时温度值在微信小程序中显示，此时温度为34℃，小于37.2℃，所以绿灯亮。

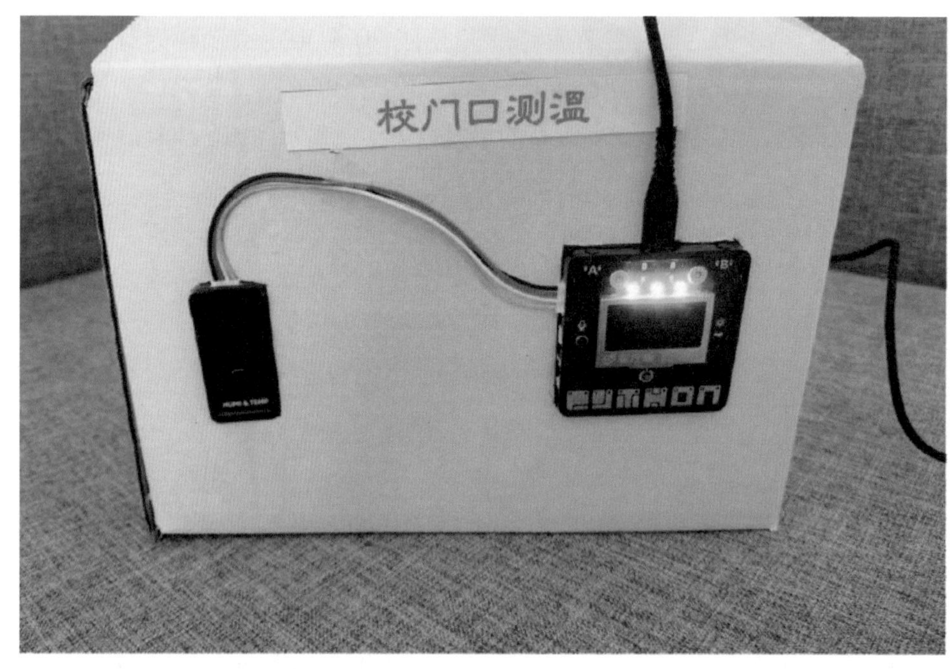

知识之窗

温度传感器是传感器中最常见的一种，它的体积越来越小，因此现在广泛地应用于各个领域之中，例如，感测应用、生物医学应用、太空应用、工业应用和消费产品应用等领域。本课程所用温湿度传感器基于SHT20数字温湿度传感器集成IC。其用于检测环境温湿度，具有极高的可靠性和长期稳定性。其采用I^2C通信方式，操作简便。其工作电压为VCC 3.3 ~ 5V；温度测量范围为0 ~ 100℃，温度测量精度为±0.3℃；湿度测量范围为0 ~ 100%（相对湿度，RH），湿度测量精度为±3%（RH）。

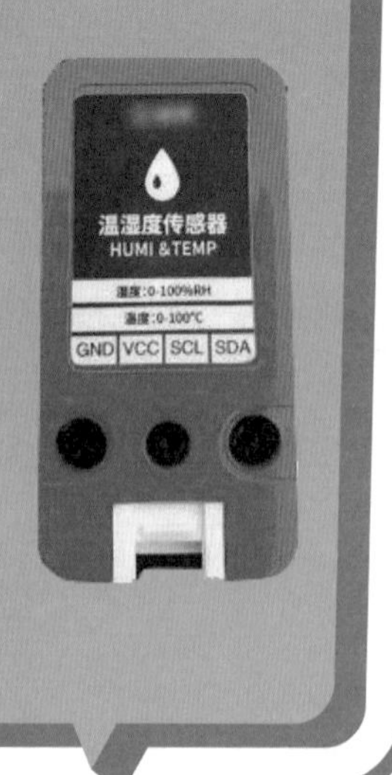

五、头脑风暴

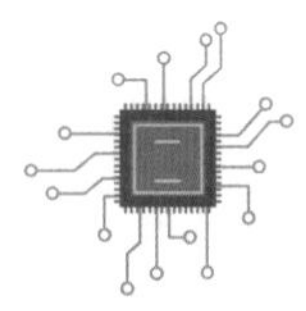

想一想，能不能在检测体温时，设置一个体温过低的检测，当温度低于35℃时，所有RGB灯颜色为黄色，怎样去实现呢？

马上行动

大家可以以小组的形式进行合作，尝试实现这个功能。

设计要求：

① 在检测体温时，设置一个体温过低的检测，当温度低于35℃时，所有RGB灯颜色为黄色。

② 保证控制方式安全可靠。

第3课　教室人数统计

终于到教室了，你知道我们班来了多少同学吗？

我可以数人数，但是一个一个地数好麻烦啊，有没有什么简单的方法呢？

当然有了，我们利用物联网做一个自动计数的工具，就能知道班级的实时人数。

程序规则：使用红外探测来检测进入教室的人数，进入一位学生，学生数量加一，微信小程序实时显示已进入教室的人数。

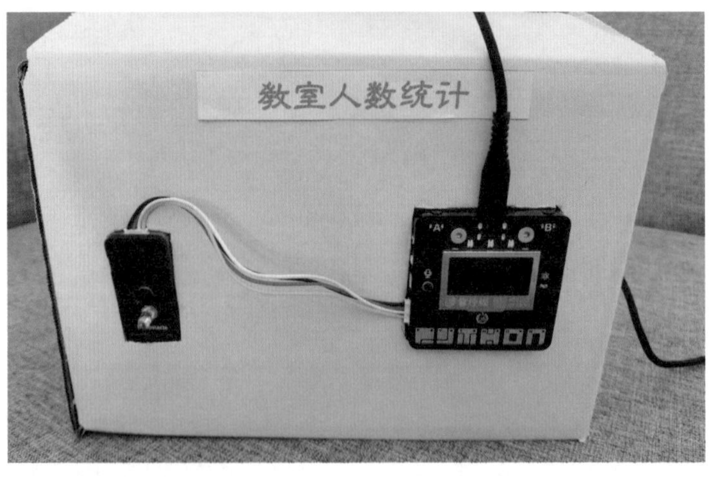

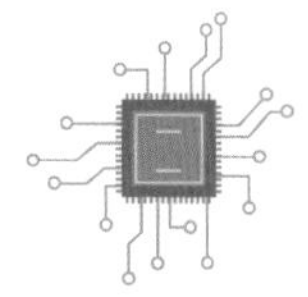

一、外接硬件

硬件	实物图	引脚	功能
红外探测传感器		P0	获取进入教室的人数

将红外探测传感器与乐动掌控的P0引脚相连，一定要注意DO与P0相连，NC为空脚（不与任何引脚相连），如下图所示：

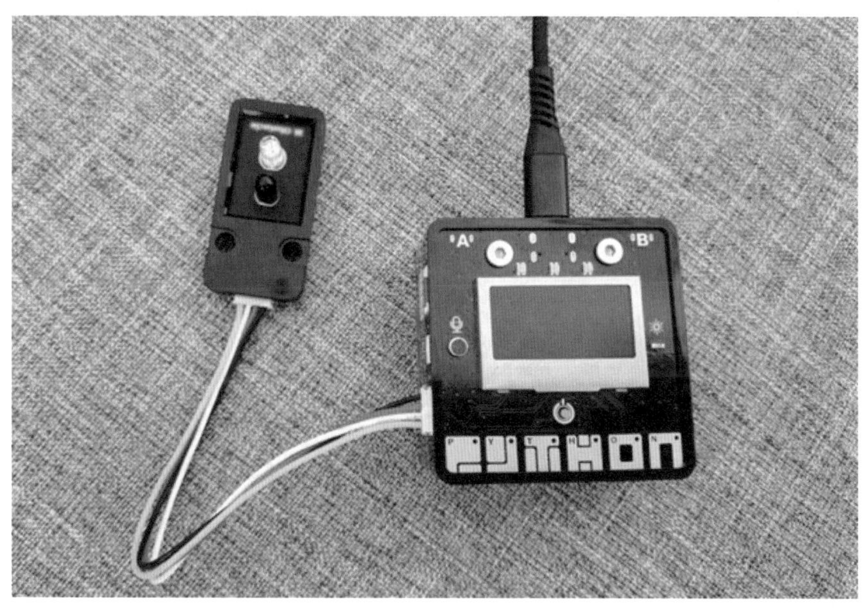

二、手机端设置

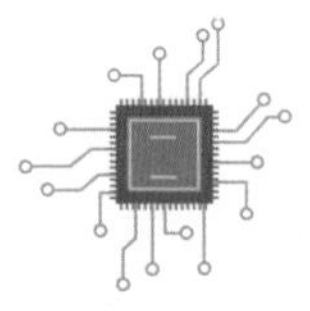

应用名称	组件名称	name值	功能
教室人数统计	实时数据	student_num	获取进入教室的人数

① 打开微信小程序，点击“我的应用”—“添加应用”，应用名称为“教室人数统计”；长按删除所有组件，点击“添加组件”，添加“实时数据”组件，如下图所示：

② 修改“实时数据”组件的name值为student_num，点“确定”即可添加“教室人数统计”应用，如下图所示：

注意：依次点击“教室人数统计”应用、“实时数据”，可以在新建应用之后，修改组件的name值。

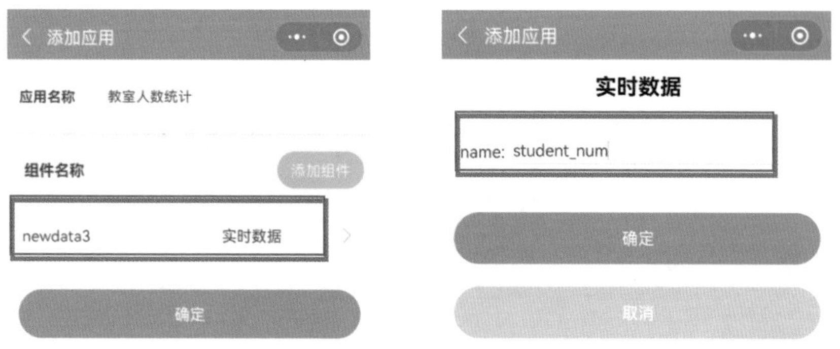

三、程序编写

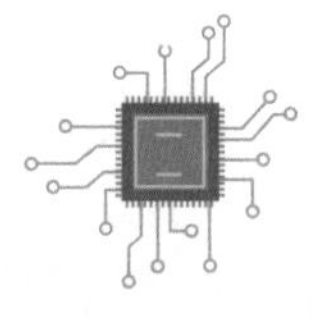

1.测试红外探测

首先添加“红外探测”拓展块。点击脚本区的“拓展”—“添加”，在弹出的对话框中点击“传感器”，选择“红外探测（乐动）”加载即可，如下图所示：

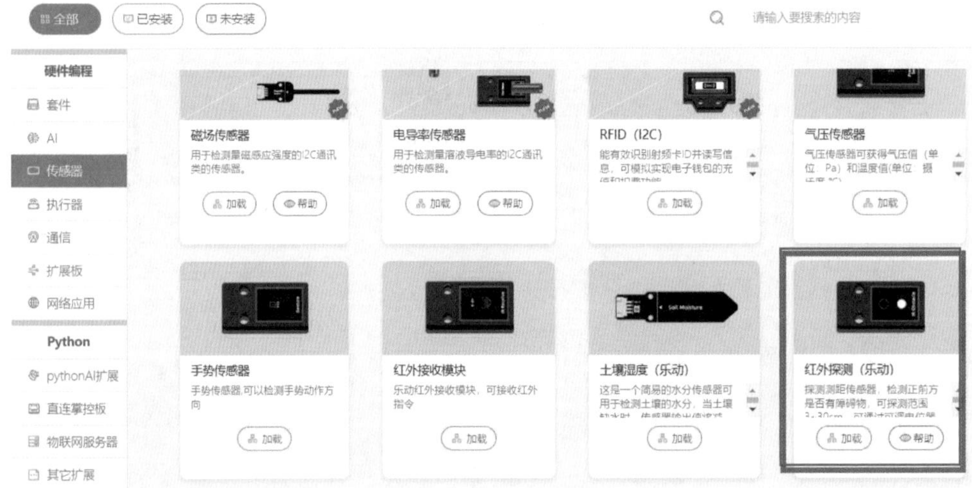

接下来测试红外探测传感器，重复执行如下代码。如果红外探测被触发，播放C3音调0.5秒。

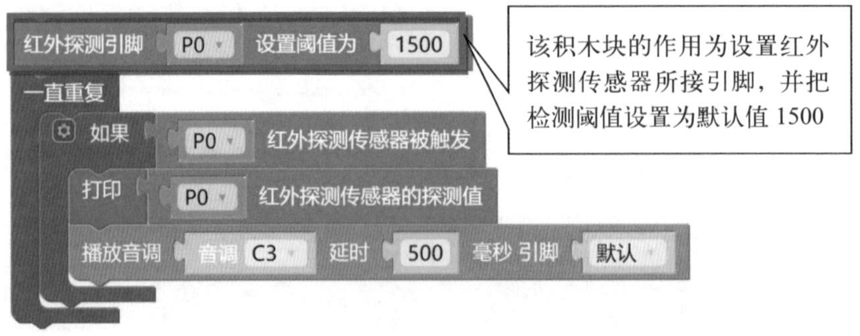

2. 检测程序编写

第一步：新建变量。

在本项目中，我们用红外探测来检测进入教室的人数。点击“变量”—“创建变量”，新建变量student代表学生人数，并将它的初始值设定为0。

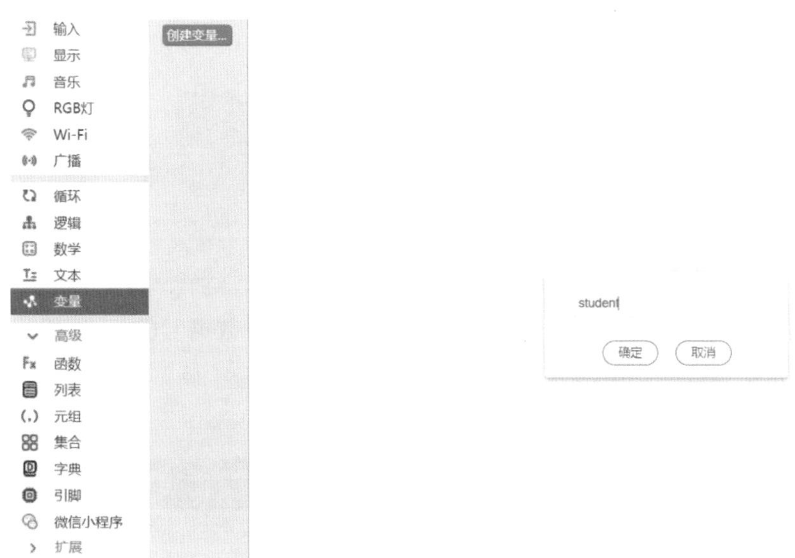

连接Wi-Fi及微信小程序参考前文，如下图所示：

第二步：初始化红外探测传感器所接引脚。

设置红外探测传感器所接引脚为P0，并把检测阈值设置为默认值1500，如下图所示：

第三步：创建触发事件。

点击“脚本区”的循环模块分类，拖出自定义事件积木块“ ”，该积木块与定时器共用1/2/4/7/8/9/10端口，不可同时占用一个端口，最多同时创建4个事件，如果存在冲突，可尝试换一个编号。

如果红外探测传感器被触发，将变量student的值增加1，如下图所示：

第四步：发送数据。

向小程序发送数据流名称（与微信小程序内的“实时数据”的name值一致）为“student_num”，值为变量“student”，如下图所示：

最终参考程序：

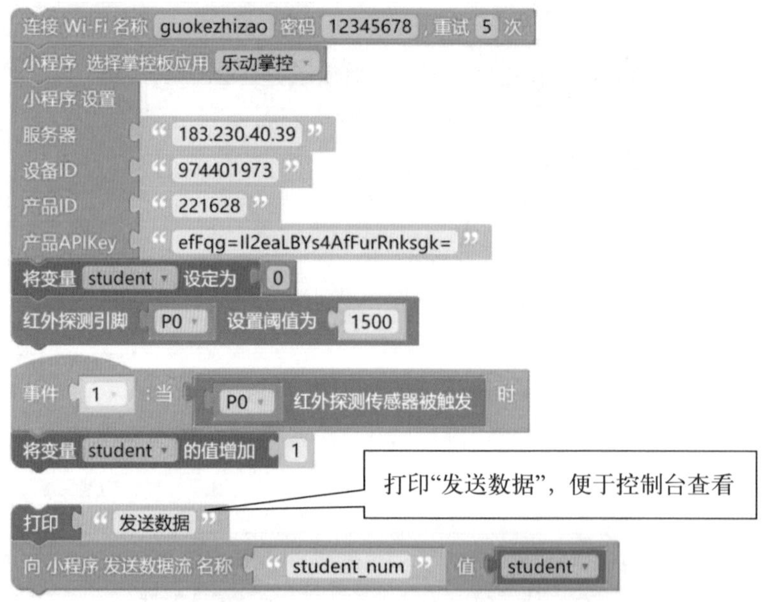

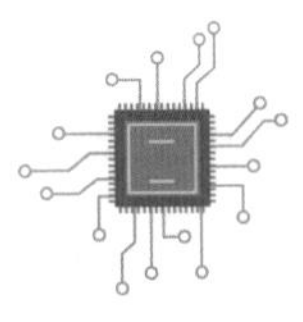

四、结构搭建

1. 材料准备

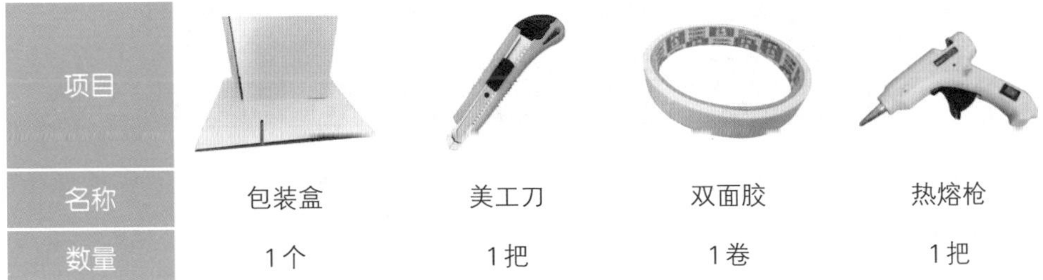

项目				
名称	包装盒	美工刀	双面胶	热熔枪
数量	1个	1把	1卷	1把

2. 制作步骤

（1）预制外壳　打印“教室人数统计”标题，并粘贴在包装盒合适的位置，根据乐动掌控及传感器的尺寸，对包装盒进行挖空裁切。

（2）元器件组装　将元器件安装在对应位置，并用热熔枪进行固定，上传测试程序。当学生进入教室时，微信小程序显示人数加一，并在控制台同步显示。

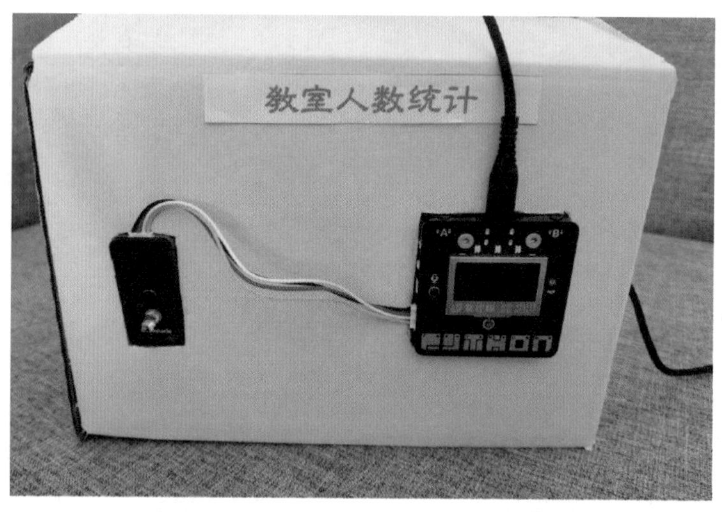

（3）效果演示　教室每进入1名学生，人数加1，当前教室已有31位学生。微信小程序效果如下：

控制台效果如下：

知识之窗

红外探测传感器可以检测正前方是否有障碍物，如果有障碍物，则被触发，可用作无接触开关。其探测范围为3 ~ 30cm，通过“红外探测引脚 P0 设置阈值为 1500”积木块设置阈值。

头脑风暴

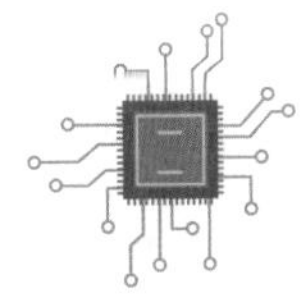

想一想，能不能完善教室人数计数系统，当出去一个人时，则减少一个人，使这个作品更加地贴近生活实际，怎样去实现呢？

大家可以以小组的形式进行合作，尝试实现这个功能。

设计要求：

① 完善教室人数计数系统，当出去一个人时，则减少一个人，使这个作品更加地贴近生活实际。

② 保证控制方式安全可靠。

第4课 噪声检测器

果果，我们去图书馆看书吧。

好的，但是有时候感觉有些人不自觉，会大声吵闹，怎么可以提醒这些人呢？

我们可以制作一个噪声检测器，来警示别人，这样我们就可以安心地看书了。

程序规则：图书馆内部有一个噪声检测器，它可以检测图书馆内部发出的噪声值，并将这个噪声值实时显示在OLED显示屏和微信小程序上。如果这个噪声值大于一定的值，那么蜂鸣器就会发出警报声，以此来提醒大家注意保持安静。

硬件清单

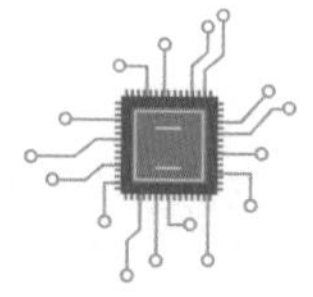

1.声音传感器（集成）

声音传感器是可以检测周围环境声音的强度，并将其转化为电信号的一种模拟传感器。声音传感器内置了一个话筒（麦克风），主要用它来接收声波。常见的声音传感器分为两类：一类只能识别声音的有无，不能识别声音的大小，输出形式为高低电平；另一类是本节课所用的模拟声音传感器，可以识别声音的强度大小，输出形式为模拟量。掌控板内置声音传感器，无须插线，可直接编程。

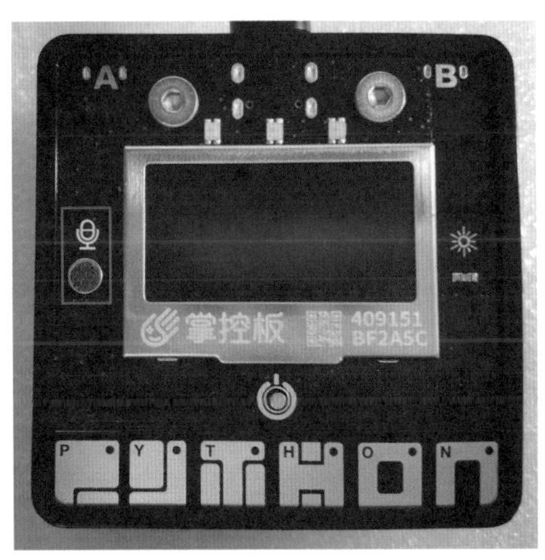

2. OLED显示屏（集成）

掌控板OLED屏幕分辨率为128×64，即横向有128个点，纵向有64个点。以屏幕左上角为起点，*X*轴坐标横向向右依次增大，0 ～ 127；*Y*轴坐标纵向向下依次增大，0 ～ 63。通过（*X*,*Y*）的形式表示屏幕上点的位置。

在掌控板中，字符及图片的坐标都是指该字符或图片的左上角第一个像素点的位置。在掌控板中，大多数字符的像素占用情况如下：

字符类型	像素占用	实际测试	说明
中文	12×16		理论上一般来说，屏幕一行可以显示10个中文，也就是128/12≈10；可以显示英文字符16个，也就是128/8=16；可以显示18个阿拉伯数字，也就是128/7≈18。经测试，实际情况并非全部如此，比如英文字母I，不论大写还是小写，只占3×16的像素。应以实际使用测试情况为准
英文字符	8×16		
阿拉伯数字	7×16		

手机端设置

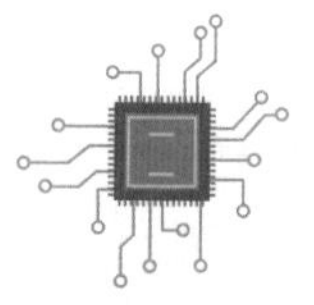

项目	组件名称	name值	功能
噪声检测器	实时数据	noise	以实时数据形式显示声音值
	折线图	noise	以图表形式显示声音值

打开微信小程序，点击“我的应用”—“添加应用”，应用名称为“噪声检测器”，保留折线图组件，设置其name值为noise，如下图所示：

添加“实时数据”组件，设置其name值为noise，点击“确定”，如右图所示：

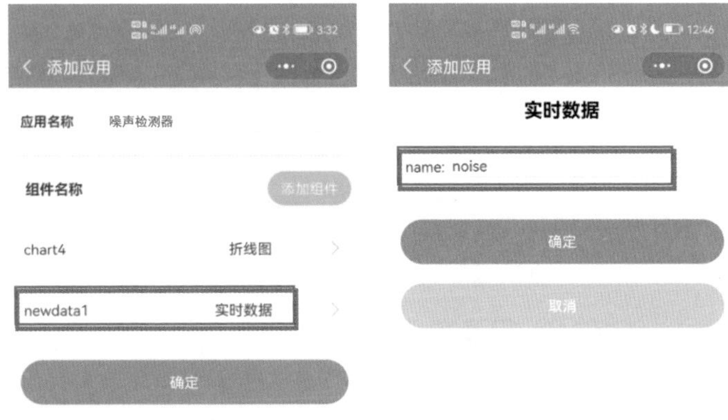

点“确定”即可添加“噪声检测器”应用，如右图所示：

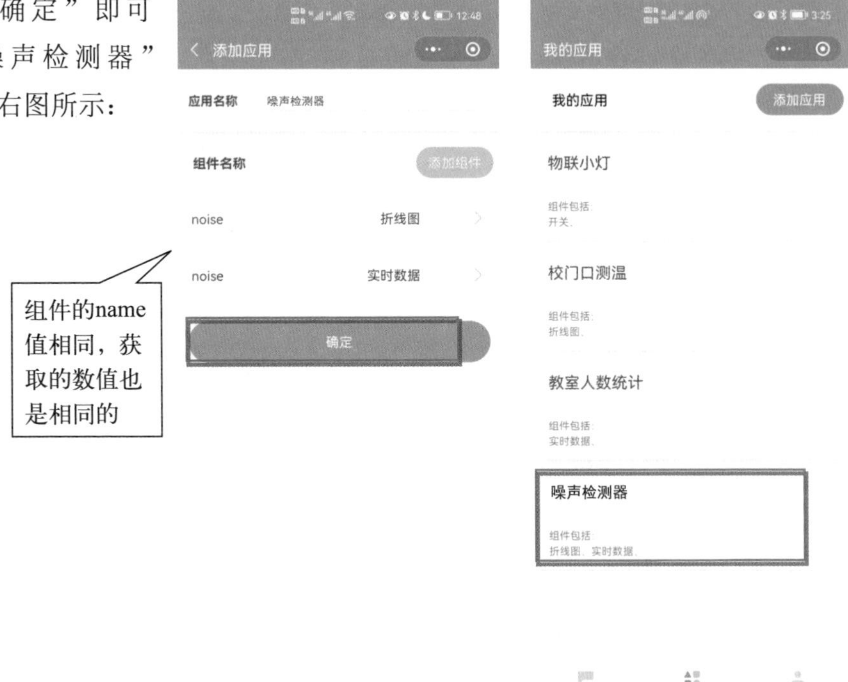

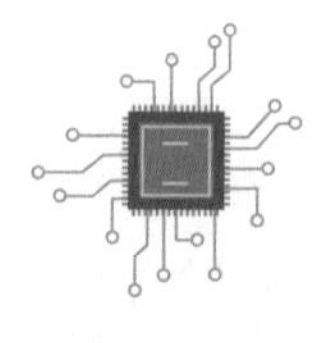

三、程序编写

1. 连接Wi-Fi及小程序设置

连接Wi-Fi及小程序设置参考前文，如右图所示：

连接 Wi-Fi 名称 guokezhizao 密码 12345678 ，重试 5 次
小程序 选择掌控板应用 乐动掌控
小程序 设置
服务器 “183.230.40.39”
设备ID “974401973”
产品ID “221628”
产品APIKey “efFqg=Il2eaLBYs4AfFurRnksgk=”

2. OLED显示文字

点击“脚本区”的显示模块分类，拖出“OLED 第 1 行显示 “Hello, world!” 模式 普通 不换行”，该积木块的作用是设置OLED屏显示指定的文字。

设置在第2行显示“噪声检测器”，为了使文字居中显示，在“噪声检测器”前添加大约10个空格；再次点击“脚本区”的显示模块分类，拖出“OLED 显示生效”积木块，该积木块用于显示刚才设置的文字，如下图所示：

3. 新建变量

新建变量“noise”用于存储声音值，并将变量“noise”赋值为0，如右图所示：

4. 向小程序发送数据

将变量“noise”的值设定为声音值，向小程序name为noise的“折线图”控件和实时数据应用发送变量“noise”值数据流，如下图所示：

5.条件判断

点击脚本区的“逻辑”模块分类，拖出“如果”积木块，该积木块的作用为：如果条件为真，则执行一定语句。在本项目中，我们设置如果声音值大于100，则蜂鸣器播放C3音调，如下图所示：

在本项目中我们用到的是声音传感器，它起到的作用是检测图书馆内部实时发出的声音值。如果检测到声音值大于100时，蜂鸣器播放警报声，以此来提醒馆内人员保持安静。

最终参考程序：

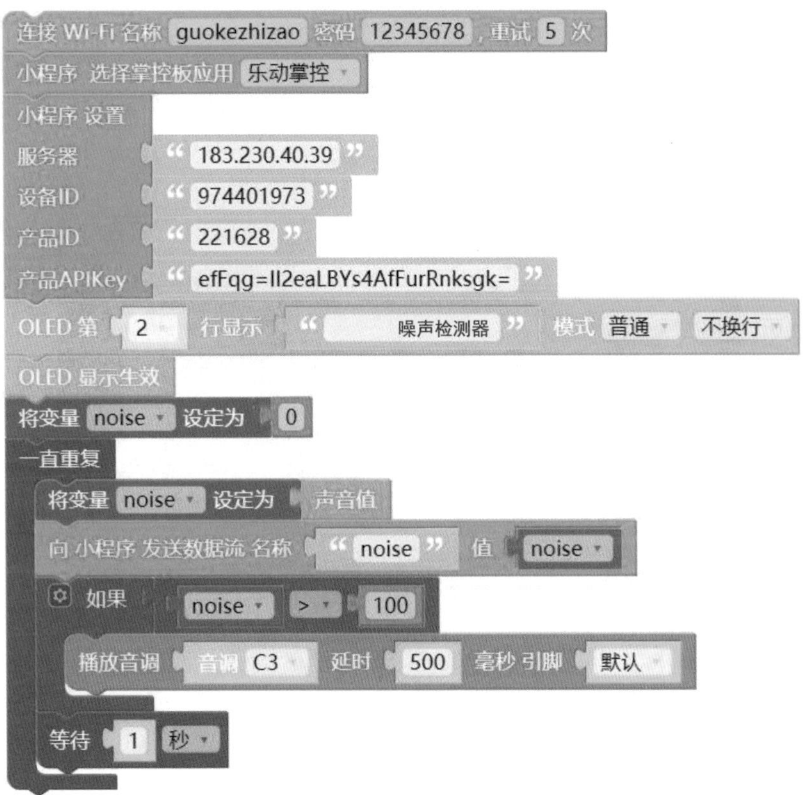

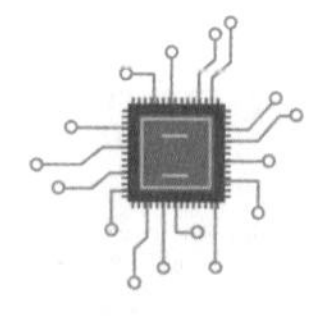

四、结构搭建

1. 材料准备

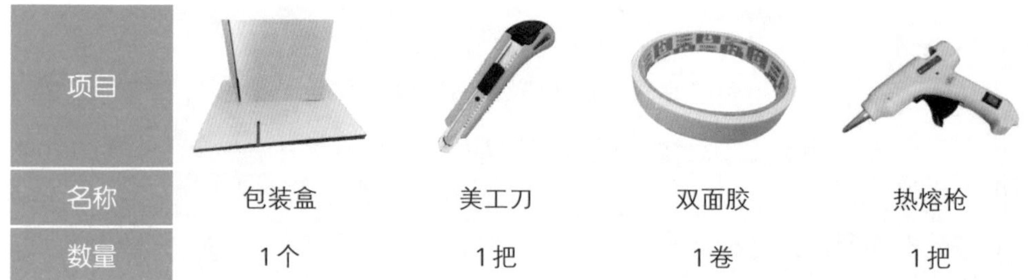

项目				
名称	包装盒	美工刀	双面胶	热熔枪
数量	1个	1把	1卷	1把

2. 制作步骤

（1）预制外壳　打印“噪声检测器”标题，并粘贴在包装盒合适的位置，根据乐动掌控的尺寸，对包装盒进行挖空裁切。

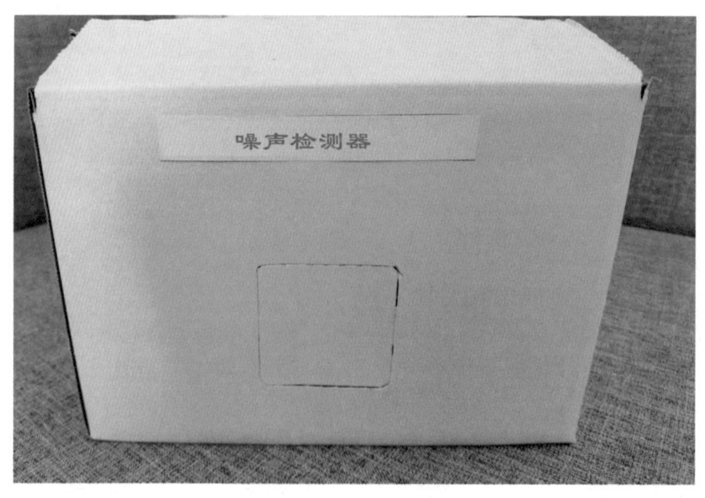

（2）元器件组装　将元器件安装在对应位置，并用热熔枪进行固定，上传测试程序。

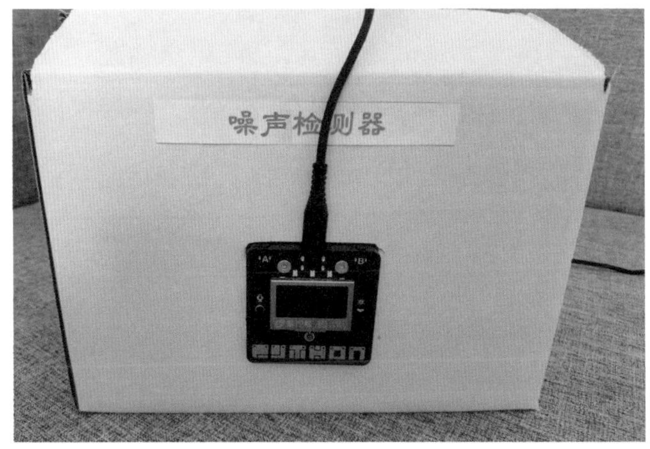

（3）效果演示　实时声音值在微信小程序中显示，此时声音值为663，蜂鸣器响起。

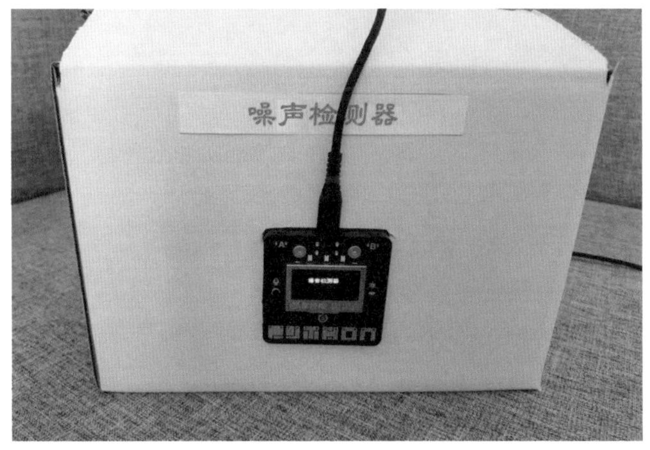

知识之窗

声音是我们生活中交流的工具，也是我们生活中必不可少的一部分。那么人们能够承受多大强度的声音呢？声音的单位我们常用分贝（dB）来表示。人们能承受的声音通常不超过70dB。人们对声音的承受程度：

① 人刚能听到的最微弱的声音是0dB。

② 较为理想的安静环境为15～40dB。

③ 干扰谈话、影响工作效率的为70dB。

④ 听力会受到严重影响的为90dB以上。

⑤ 能引起双耳失去听力的为150dB。

⑥ 为了保护听力，声音不能超过90dB。

⑦ 为了保证工作和学习，声音不能超过70dB。

⑧ 为了保证休息和睡眠，声音不能超过50dB。

五、头脑风暴

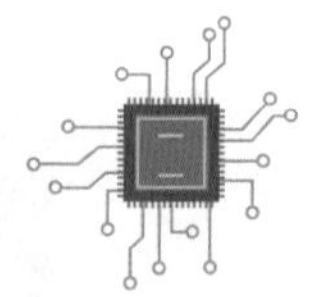

在本项目中，我们用到了变量来存储声音值，如果不用变量，直接向微信小程序发送声音值，效果会怎样呢？

大家可以先预测一下效果，再以小组合作的形式验证。

设计要求：

① 先预测程序运行效果再验证，并说一说为什么。

② 保证控制方式安全可靠。

第二章

智能家居

项目名称：智能家居系统

项目目标

通过网络学习认识物联网与智能家居，了解当前智能家居有哪些应用；感受物联网在智能家居方面为人们生活带来的各种便利；掌握物联网在智能家居方面应用的基本原理，结合试验箱里现有的设备，设计一套智能家居系统。

项目过程

设计思考：通过资料的收集与整理，设计一套智能家居系统。

制作作品：通过网络搜索、阅读书籍等方式，了解智能家居基本原理，结合试验箱完成制作。

改进优化：提出智能家居系统的优化策略，完善方案并交流。

交流分享：将制作过程中的快乐与朋友、家人分享。

项目总结

完成本章项目后，各小组提交项目学习成果（包括思维导图、项目学习记录单、项目成果等）。开展作品交流与评价，体验小组合作、项目学习和知识分享的过程，认识物联网对智能家居的影响和价值。

第5课　智能调光灯

听说室内光线的强弱会影响我们的眼睛，太强或太弱对眼睛都不好呢！

是的，咱们可以设计一款智能调光灯呀，能够根据环境光的强弱自动控制灯的开启与关闭！

程序规则：智能调光灯分为远程控制与智能控制两部分，远程控制的优先级要高于智能控制。远程控制是通过微信小程序中的“输入框”控件控制；智能控制是根据当前的光线强度值进行控制。

硬件清单

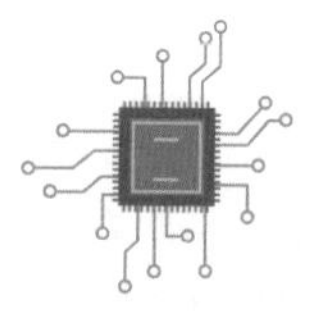

1. RGB-LED灯（集成）

RGB-LED灯是以红、绿、蓝三色光混合而成的彩灯。在mPython中，与之对应的有三个积木块。

设置 所有 RGB 灯颜色为 ：点击“ ”设置颜色，共70种颜色可选。

关闭 所有 RGB 灯：关闭所有RGB灯。

设置 所有 RGB 灯颜色为 R 255 G 0 B 0 ：通过设置RGB的值设置灯颜色，RGB每个数值都有256种，每一种组合代表着一种颜色，原则上总共可以设置256×256×256=16777216种颜色。

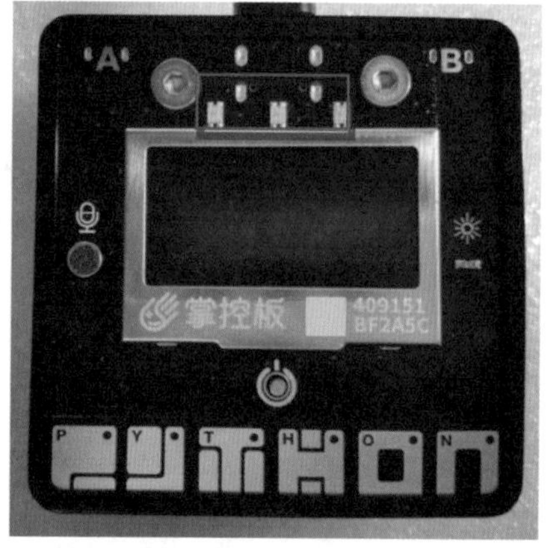

2.光线传感器（集成）

光线传感器可以对周围环境的光线强度进行检测，输出范围为0～4095之间的数值。它发生光电转换的主要部件为光敏电阻。光线越强，其数值越大；光线越暗，其数值越小。

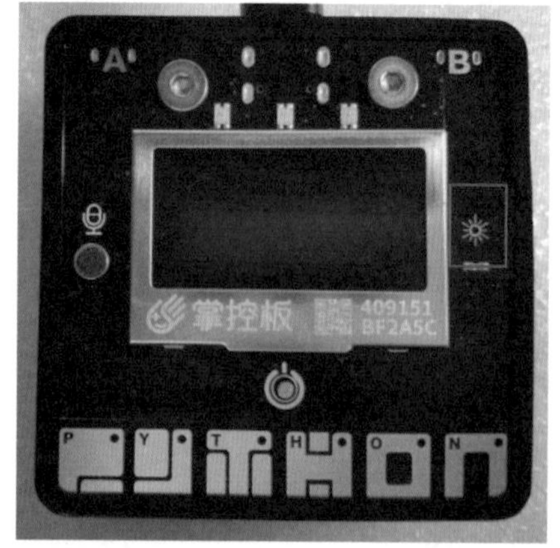

二、手机端设置

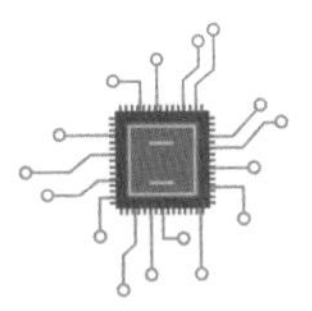

应用名称	组件名称	name值	功能
智能调光灯	输入框	led_con	远程控制LED灯的开启与关闭
	实时数据	light	以实时数据的形式获取实时光线值

① 打丌“掌控板物联网”微信小程序，点击“我的应用”—“添加应用”，应用名称为“智能调光灯”，保留输入框组件并设置其参数，如下图所示：

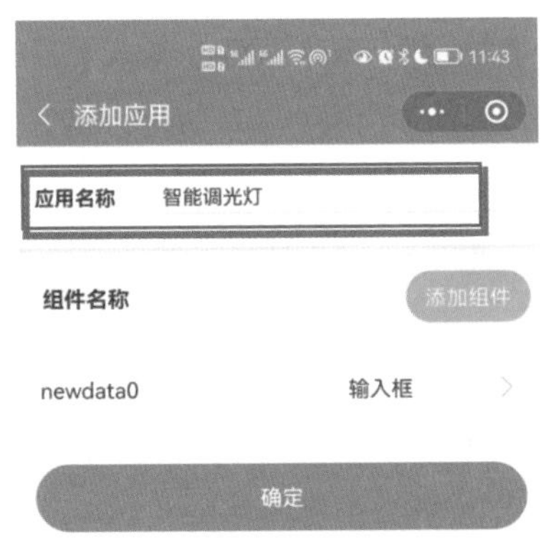

② 添加“实时数据”组件，设置其name值为light，点击“确定”，如右图所示：

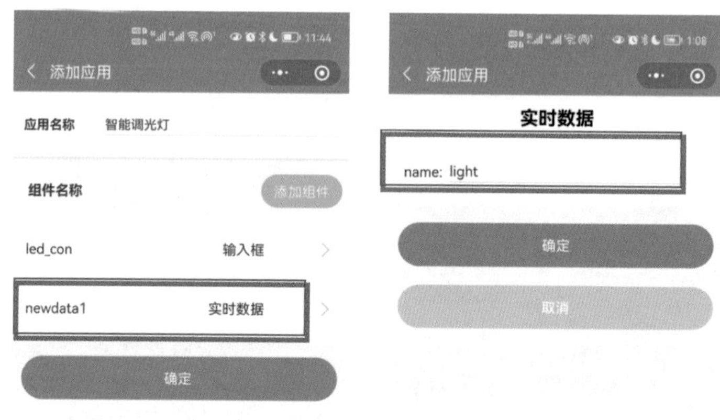

③ 点“确定”即可添加“智能调光灯”应用，如右图所示：

三、程序编写

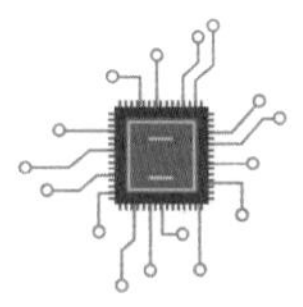

1. 连接Wi-Fi及小程序设置

连接Wi-Fi及小程序设置参考前文，如右图所示：

```
连接 Wi-Fi 名称 guokezhizao 密码 12345678 ，重试 5 次
小程序 选择掌控板应用 乐动掌控
小程序 设置
服务器 “183.230.40.39”
设备ID “974401973”
产品ID “221628”
产品APIKey “efFqg=lI2eaLBYs4AfFurRnksgk=”
```

2. 新建变量

新建变量“led_con”用于存储输入框控件的value值，并将其赋值为0；新建变量“light6”用于表示实时光线值，并将“light6”赋值为0，如下图所示：

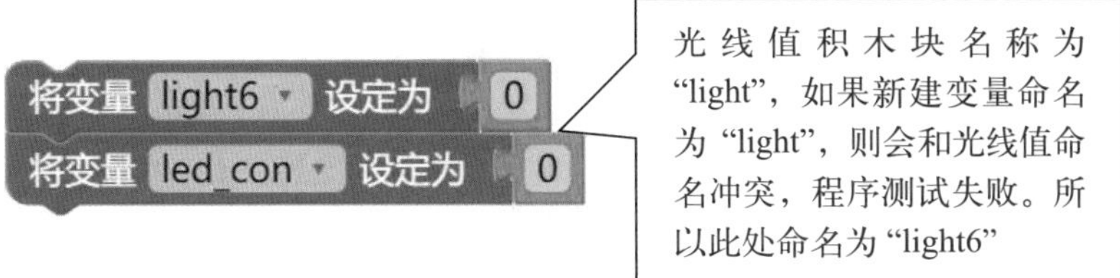

将变量 light6 设定为 0
将变量 led_con 设定为 0
光线值积木块名称为“light”，如果新建变量命名为“light”，则会和光线值命名冲突，程序测试失败。所以此处命名为“light6”

3. 从微信小程序获取指令

当从小程序收到_name和_value时，如果_name等于输入框的name值“led_con”，则将变量“led_con”设定为微信小程序内输入框输入的value值，打印该值，便于控制台查看，如下图所示：

```
当从小程序收到 name 和 value 时
  如果 name = “led_con”
    将变量 led_con 设定为 value
    打印 led_con
```

4. 智能调光灯

将变量“light6”的值设定为“光线值”，当光线值小于1000或微信小程序发送“开灯”指令时，设置乐动掌控的RGB灯亮，否则灯灭。

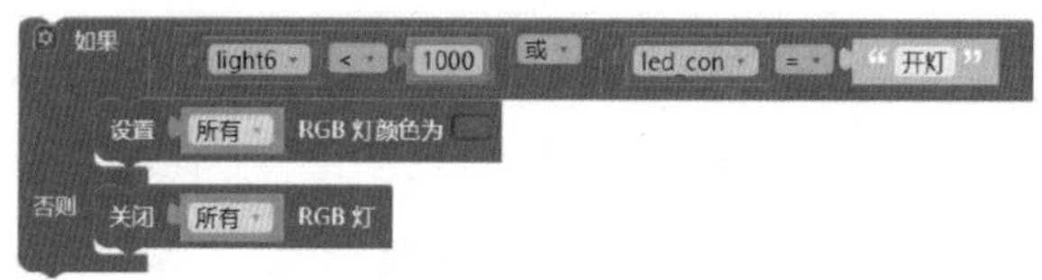

5. 小程序实时显示光线值

向小程序发送name值为“light”的实时光线值“light6”，如下图所示：

说明：从掌控板发送到微信小程序的数据，无须添加“打印 “ ””也可在控制台显示、刷新；从微信小程序发送到掌控板的数据则需要“打印 “ ””。

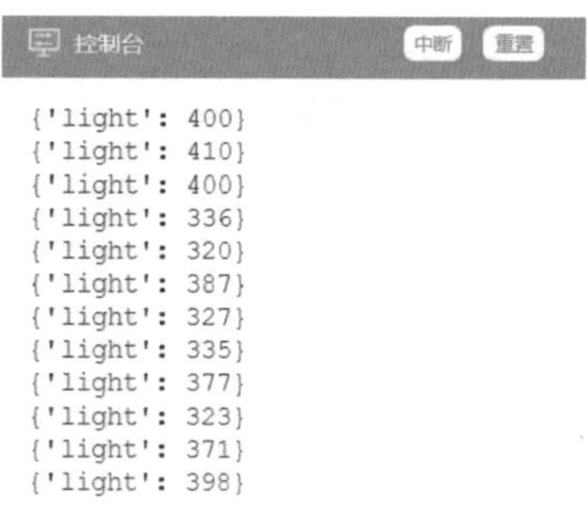

6. OLED显示实时光线值

OLED清空，在OLED第1行显示“智能调光灯”，添加空格使文字居中显示；在OLED第2行显示实时光线值，如下图所示：

说明：“ OLED 显示 清空 ” 积木块的作用是抹除屏幕中的文字或图像，点击“ ▾ ”，会有“清空”“全亮”“黑底”“白底”四种模式，如下图所示：

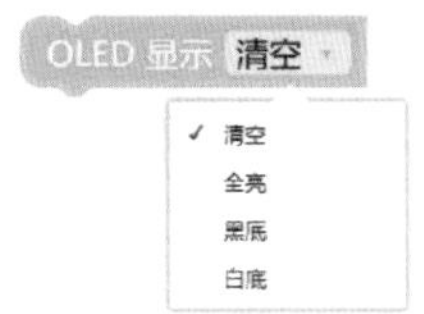

最终程序如下：

```
连接 Wi-Fi 名称 guokezhizao 密码 12345678 ，重试 5 次
小程序 选择掌控板应用 乐动掌控
小程序 设置
服务器 “183.230.40.39”
设备ID “974401973”
产品ID “221628”
产品APIKey “efFqg=Il2eaLBYs4AfFurRnksgk=”
将变量 light6 设定为 0
当从小程序收到 _name 和 _value 时
    如果 _name = “led_con”
        将变量 led_con 设定为 _value
        打印 led_con
一直重复
    将变量 light6 设定为 光线值
    如果 light6 < 1000 或 led_con = “开灯”
        设置 所有 RGB 灯颜色为 
    否则
        关闭 所有 RGB 灯
    向 小程序 发送数据流 名称 “light” 值 light6
    OLED 显示 清空
    OLED 第 1 行显示 “智能调光灯” 模式 普通 不换行
    OLED 第 2 行显示 light6 模式 普通 不换行
    OLED 显示生效
```

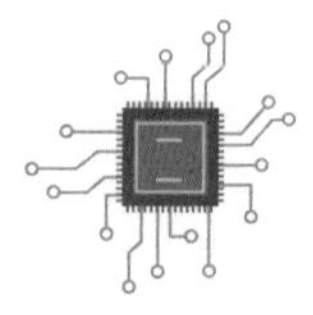

四、结构搭建

1. 材料准备

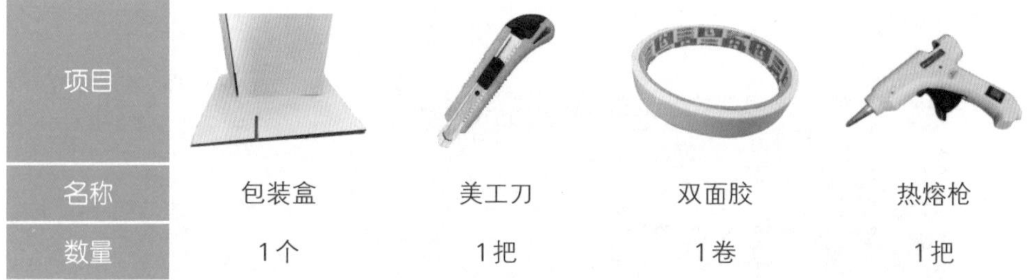

项目				
名称	包装盒	美工刀	双面胶	热熔枪
数量	1个	1把	1卷	1把

2. 制作步骤

（1）预制外壳　打印“智能调光灯”标题，并粘贴在包装盒合适的位置，根据乐动掌控的尺寸，对包装盒进行挖空裁切。

（2）元器件组装　将元器件安装在对应位置，并用热熔枪进行固定，上传测试程序。

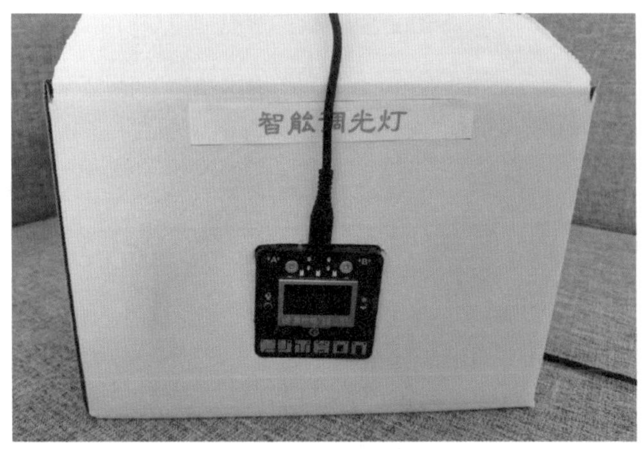

（3）效果演示

① 远程控制：在输入框输入“开灯”，不管光线值是否大于1000，乐动掌控的RGB灯都会亮；在输入框输入其他任意文字，RGB灯灭。

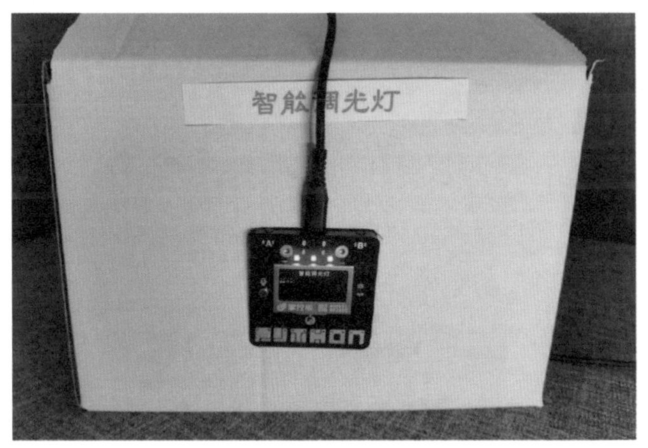

② 智能控制：光线值小于1000时开灯；光线值大于1000时关灯。

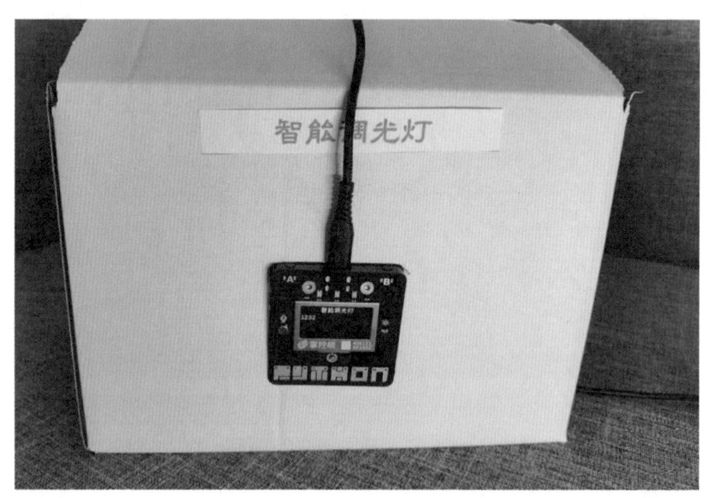

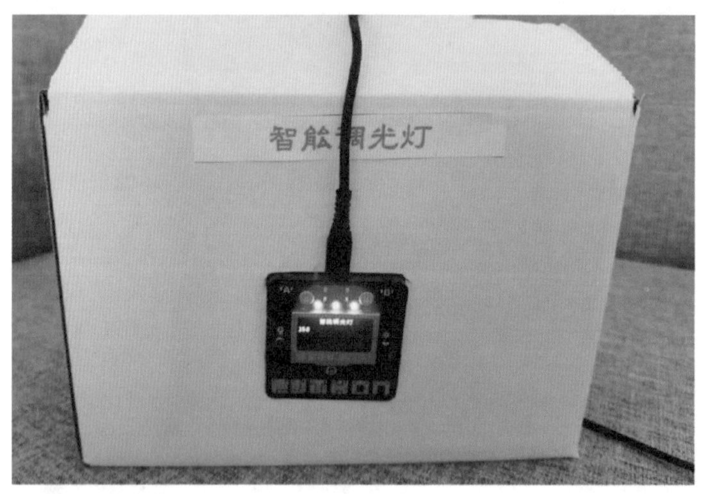

知识之窗

光照度是指单位面积上所接收可见光的能量，简称照度，单位为勒克斯（lx）。这是一个物理术语，用于指示光照的强弱和物体表面被照明程度的量。不同的场所适合不同的照度。

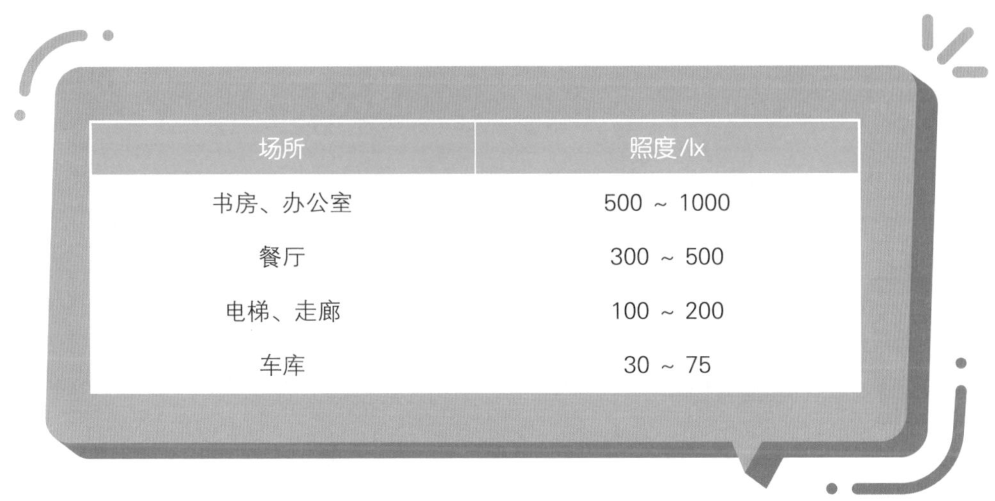

场所	照度/lx
书房、办公室	500 ~ 1000
餐厅	300 ~ 500
电梯、走廊	100 ~ 200
车库	30 ~ 75

五、头脑风暴

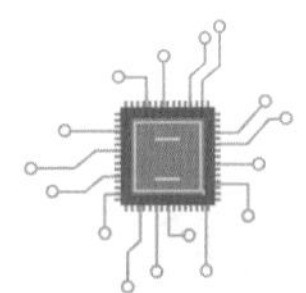

想一想，能不能添加蜂鸣器模块，当外界环境较暗时，红色LED灯亮起，并且蜂鸣器发出警报声，怎样去实现呢？

大家可以以小组的形式进行合作，尝试实现这个功能。

设计要求：

① 当外界环境较暗时，红色LED灯亮起，并且蜂鸣器发出警报声。

② 保证控制方式安全可靠。

第6课　智能风扇

唉！

怎么了，果果？碰到什么问题了？

老师说，夏天风扇要调到合适的转速，太快了会浪费电。可是太慢了，一点也不凉快呀！

原来是这样呀，交给我吧，我来帮你设计一款会自动变速的智能风扇！

程序规则：智能风扇分为手动控制与自动控制两部分，手动控制的优先级要高于自动控制。手动控制是通过Blynk APP上面的滑杆进行控制的；自动控制是根据环境温度值进行控制的。

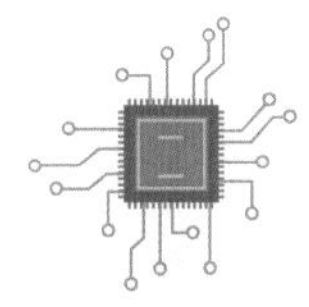

一、外接硬件

硬件	实物图	引脚	功能
风扇模块		P13	GND/VCC/S 三排引脚 （不可与M1/M2 电机相连）
温湿度传感器		I^2C	获取环境的温度值
分支		GND/VCC/P13/P14	三引脚外接风扇

三排引脚的风扇模块无法直接与乐动掌控连接，因此使用分支模块接在乐动掌控的P13、P14上，操作引脚对应关系为S1-P13、S2-P14，然后将风扇模块的三排引脚接口接在S1引脚上。

完整接线如下图所示：

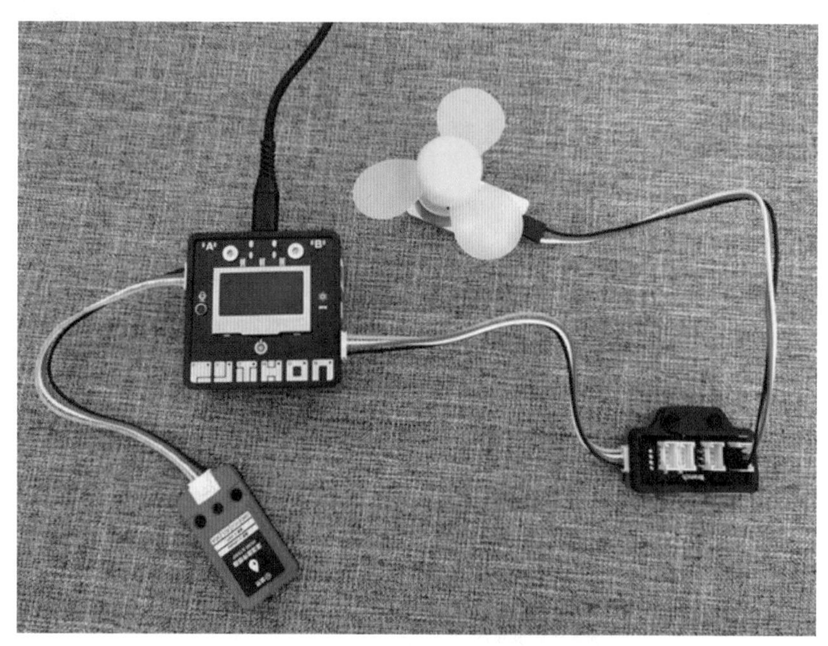

二、手机端设置

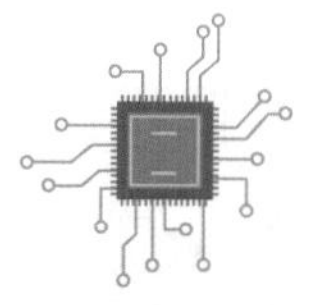

项目	组件名称	name值	功能
智能风扇	滑块	slider_con	远程控制风扇转速
	实时数据	temp	以实时数据的形式获取实时温度值

① 打开微信小程序，点击“我的应用”—“添加应用”，应用名称为“智能风扇”，保留滑块组件并设置滑块的参数，如下图所示：

② 添加“实时数据”组件，设置其name值为temp，点击“确定”，如右图所示：

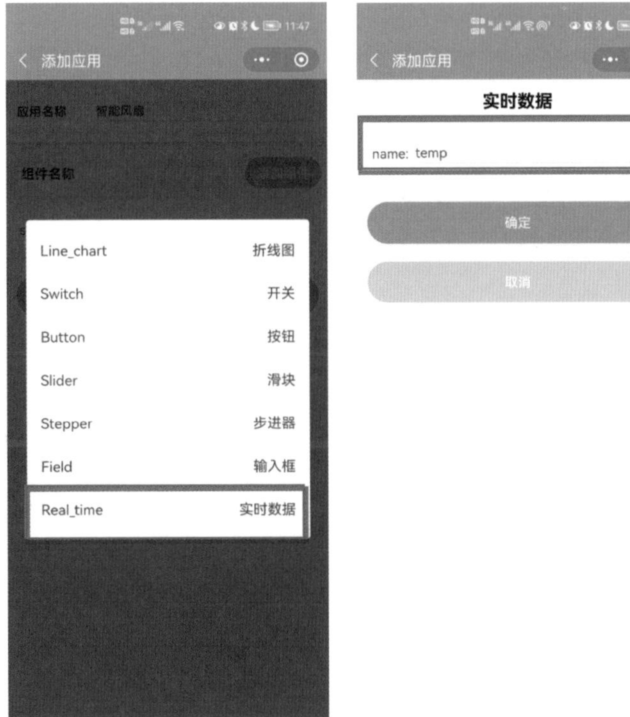

③ 点“确定”即可添加“智能风扇”应用，如右图所示：

三、程序编写

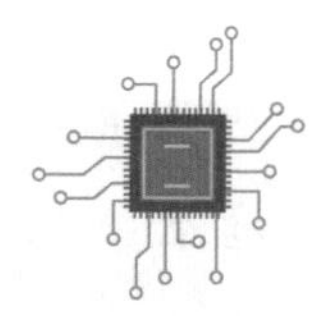

1.连接Wi-Fi及小程序设置

连接Wi-Fi及小程序设置参考前文，如右图所示：

```
连接 Wi-Fi 名称 guokezhizao 密码 12345678 ，重试 5 次
小程序 选择掌控板应用 乐动掌控
小程序 设置
服务器      “ 183.230.40.39 ”
设备ID      “ 974401973 ”
产品ID      “ 221628 ”
产品APIKey  “ efFqg=Il2eaLBYs4AfFurRnksgk= ”
```

2. OLED显示文字

设置在OLED显示屏第2行显示“智能风扇”，为了使文字居中显示，在“智能风扇”前添加大约14个空格，如下图所示：

3. 新建变量

新建变量“temp5”，用于存储温度值，并将变量“temp5”赋值为0；新建变量“slider_con”，用于存储滑块控件的值，并将“slider_con”赋值为0，如下图所示：

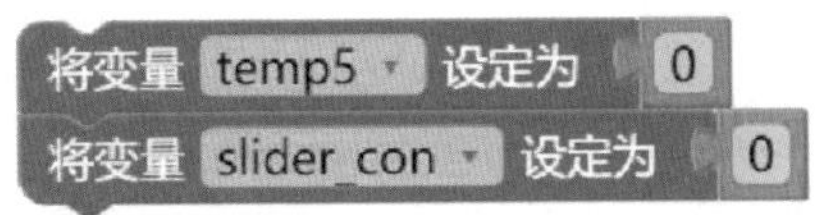

4. 从微信小程序获取滑块值

当从小程序收到_name和_value时，如果_name等于滑块的name值“slider_con”，则将变量“slider_con”设定为微信小程序内滑块的实时value值，如下图所示：

5. 自动控制风扇

将变量temp5的值设定为“ I2C 温度 ”，当temp5≥27℃且滑块的值等于0时（也就是滑块未触发的时候），将temp5温度值减27，再乘50作为风扇的PWM转速输出（PWM的取值范围是0～1023）。

将变量 temp5 设定为 I2C 温度
如果 temp5 ≥ 27 和 slider_con = 0
设置引脚 P13 模拟值（PWM）为 四舍五入 temp5 - 27 × 50

6.小程序远程控制风扇

点击“如果”积木块左上角的“ ”，拖动“否则如果”“否则”积木块至“如果”积木块下方，如下图所示：

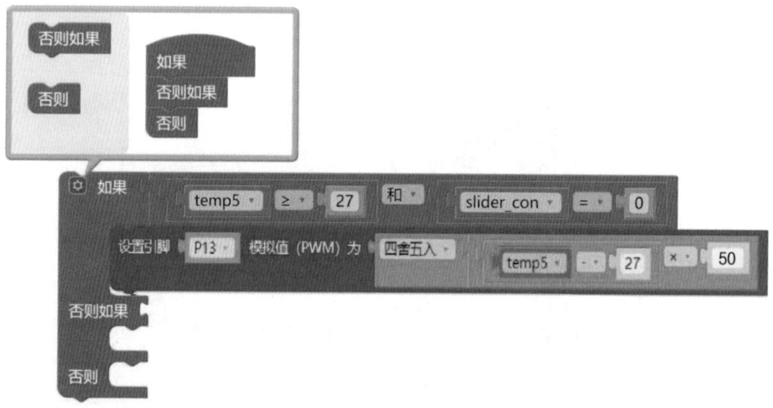

否则如果滑块的值大于0时，设置风扇模块的引脚P13模拟值为存储在变量“slider_con”中滑块的实时值，值越大，风扇转速越快；反之，转速越慢。

否则如果 slider_con > 0
设置引脚 P13 模拟值（PWM）为 slider_con

否则，设置风扇模块的引脚P13模拟值为0。

否则 设置引脚 P13 模拟值（PWM）为 0

7.小程序实时显示温度

向小程序发送name值为“temp”的数据流，值为存储在变量“temp5”的实时温度值，如下图所示：

最终程序如下：

```
连接 Wi-Fi 名称 guokezhizao 密码 12345678 , 重试 5 次
小程序 选择掌控板应用 乐动掌控
小程序 设置
服务器 “183.230.40.39”
设备ID “974401973”
产品ID “221628”
产品APIKey “efFqg=Il2eaLBYs4AfFurRnksgk=”
OLED 第 2 行显示 “智能风扇” 模式 普通 不换行
OLED 显示生效
将变量 temp5 设定为 0
将变量 slider_con 设定为 0
当从小程序收到 _name 和 _value 时
    如果 _name = “slider_con”
        将变量 slider_con 设定为 _value
一直重复
    将变量 temp5 设定为 I2C 温度
    如果 temp5 ≥ 27 和 slider_con = 0
        设置引脚 P13 模拟值 (PWM) 为 四舍五入 (temp5 - 27) × 50
    否则如果 slider_con > 0
        设置引脚 P13 模拟值 (PWM) 为 slider_con
    否则
        设置引脚 P13 模拟值 (PWM) 为 0
    向 小程序 发送数据流 名称 “temp” 值 temp5
    等待 1 秒
```

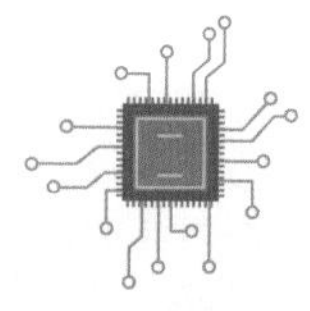

四、结构搭建

1. 材料准备

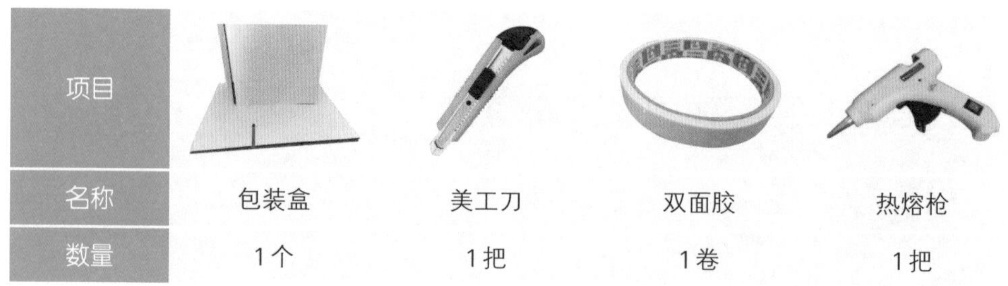

项目				
名称	包装盒	美工刀	双面胶	热熔枪
数量	1个	1把	1卷	1把

2. 制作步骤

（1）预制外壳　打印“智能调速风扇”标题，并粘贴在包装盒合适的位置，根据乐动掌控的尺寸，对包装盒进行挖空裁切。

（2）元器件组装　将元器件安装在对应位置，并用热熔枪进行固定，上传测试程序。

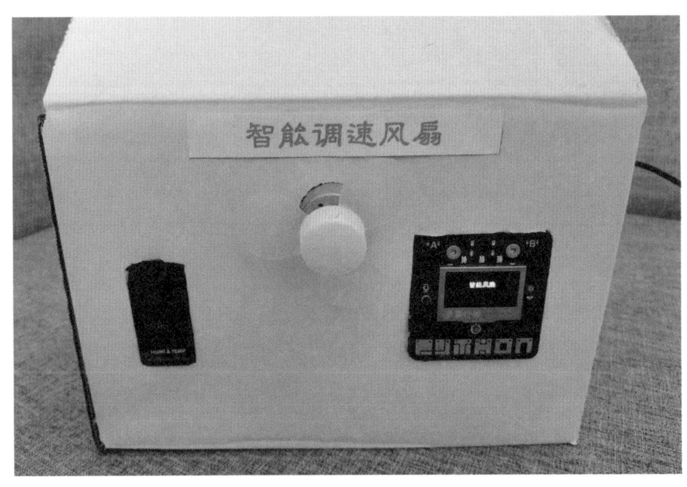

（3）效果演示　当滑块值为0，温度大于等于27℃时，风扇转，转速随温度升高而逐渐变快。

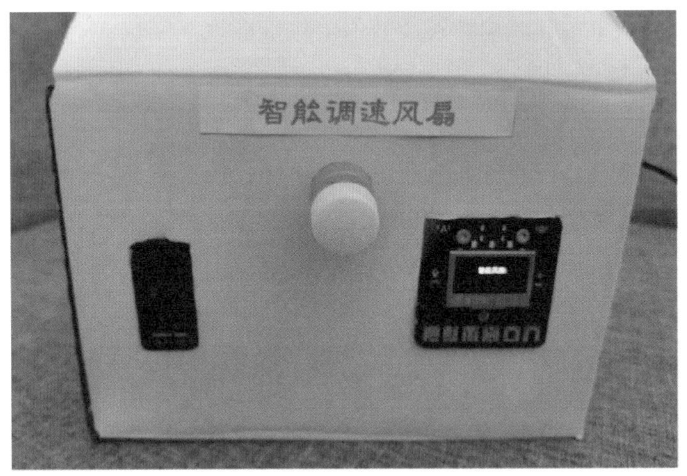

当滑块值为0，温度小于27℃时，风扇不转。

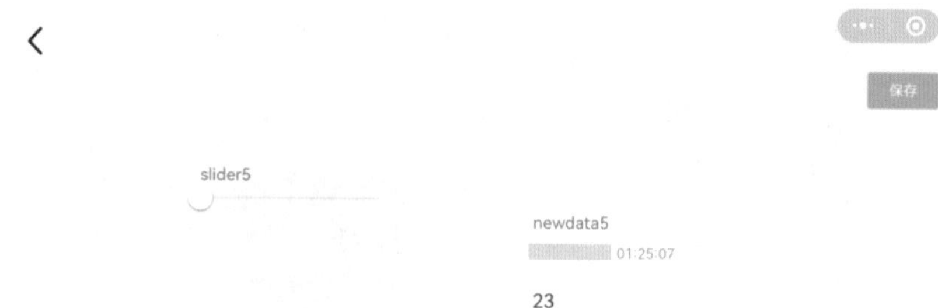

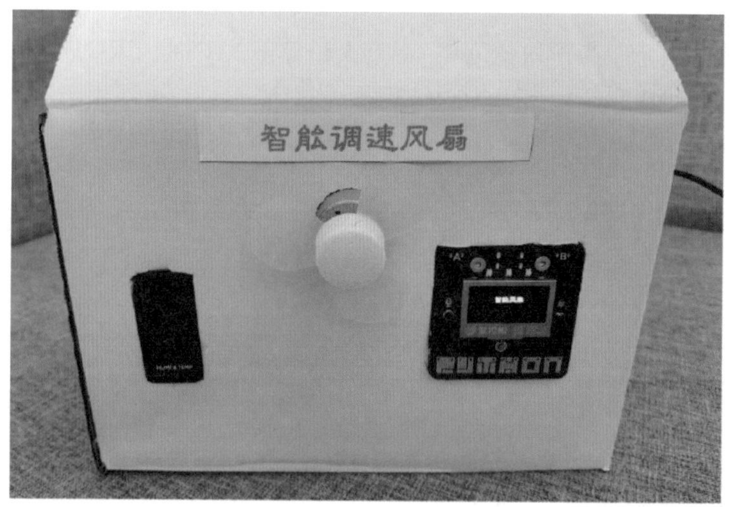

当滑块值不为0时，风扇转速随着值的增加而逐渐变快。

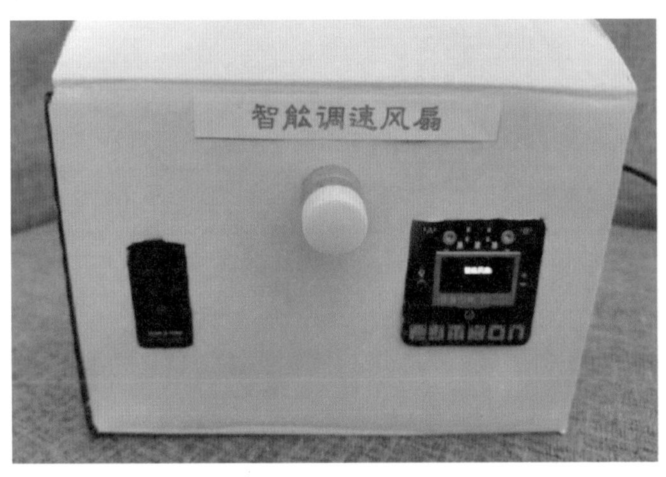

知识之窗

舒适温度是指某一环境在给定人体活动量、衣着热阻值及环境温度的条件下满足舒适要求的温度，亦即人体感觉最舒适的温度。

人体不同部位的舒适温度并不一致。以皮肤表面温度计，不同部位的舒适温度分别为：头、胸、腹、背、臀，34.6℃；大腿、上臂，33.0℃；小腿、前臂，30.8℃；手、足，28.6℃。以环境温度计，夏季舒适温度的范围为17 ~ 26.1℃，冬季为15.6 ~ 23.3℃。

五、头脑风暴

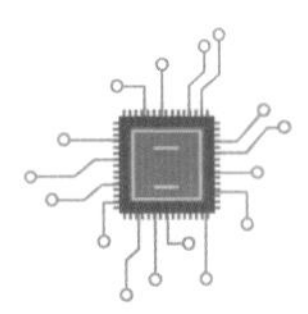

想一想，能不能添加红色LED灯模块，当温度超过27℃时，红色LED灯亮起，并跟随温度升高而变亮，怎样去实现呢？

大家可以以小组的形式进行合作，尝试实现这个功能。

设计要求：

① 添加红色LED灯模块，当温度超过27℃时，红色LED灯亮起，并跟随温度升高而变亮。

② 保证控制方式安全可靠。

第7课　智能安防

糟糕，我们忘记带家里的钥匙了，爸爸妈妈又不能及时赶回来，怎么办啊?

不用怕，我已经做好一个智能安防系统了，爸爸妈妈可以远程帮我们开门!

程序效果：当红外探测传感器和震动传感器同时被触发时，向微信小程序发送信息，0表示无人，1表示有人；远程控制开门是通过微信小程序中的输入框组件控制舵机的转动进而实现开门效果。

一、硬件清单

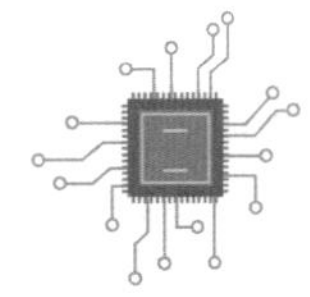

硬件	实物图	引脚	功能
震动传感器		P15	侦测震动是否被触发

续表

硬件	实物图	引脚	功能
舵机		P13（接分支）	旋转表示开关门
红外探测传感器		P0	侦测是否有人
分支模块	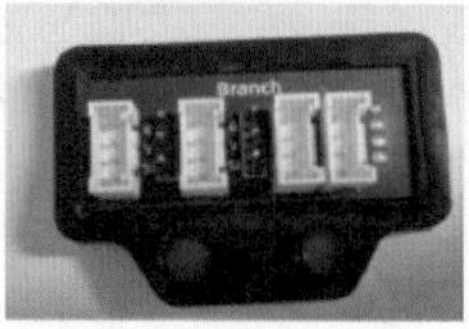	GND/VCC/P13/P14	拓展舵机接口

将震动传感器与乐动掌控的P15引脚相连；舵机要接乐动掌控需要连接分支模块，将分支模块与乐动掌控的“GND/VCC/P13/P14”引脚相连，其中白色杜邦线对应乐动掌控的P13及分支的S1，因此把舵机连接到S1即表示与乐动掌控的P13引脚相连接。接线如下图所示：

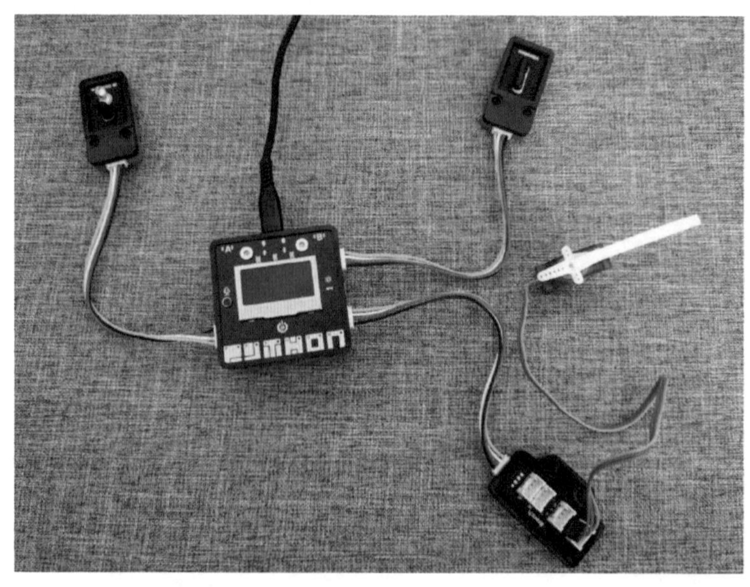

二、手机端设置

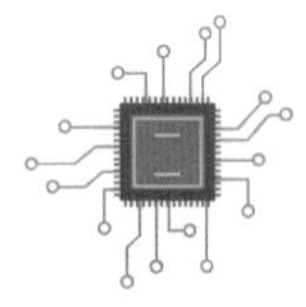

应用名称	组件名称	name值	功能
智能安防	输入框	door_con	开关门控制
	实时数据	shake	值为0表示无人敲门，值为1表示有人敲门

打开“掌控板物联网”微信小程序，点击“我的应用”—“添加应用”，应用名称为“智能安防”，保留输入框组件，设置其name值为door_con，Value值为on/off，如下图所示：

添加“实时数据”组件，设置其name值为shake，点击“确定”，如右图所示：

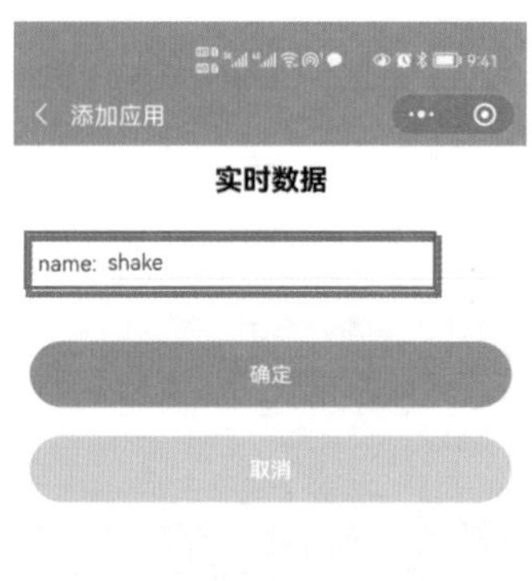

点“确定”即可添加“智能安防”应用，如右图所示：

程序编写

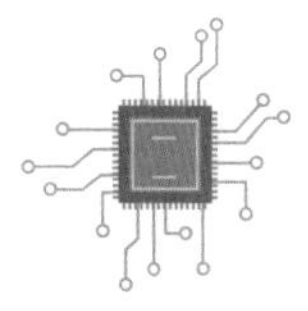

1.连接Wi-Fi及小程序设置

连接Wi-Fi及小程序设置参考前文，如右图所示：

```
连接 Wi-Fi 名称 guokezhizao 密码 12345678 重试 5 次
小程序 选择掌控板应用 乐动掌控
小程序 设置
服务器 “183.230.40.39”
设备ID “974401973”
产品ID “221628”
产品APIKey “efFqg=Il2eaLBYc4AfFurRnksyk-”
```

2.新建变量

新建变量“flag”，用于存储微信小程序中“输入框”控件door_con发送的值，并将变量“flag”赋值为0，如下图所示：

```
将变量 flag 设定为 0
```

3.从微信小程序获取指令

当从小程序收到_name和_value时，如果_name等于“输入框”控件door_con的值，将变量“flag”设定为其value值。打印变量“flag”，便于控制台查看，如下图所示：

```
当从小程序收到 _name 和 _value 时
  如果 _name = “door_con”
    将变量 flag 设定为 _value
    打印 flag
```

4.向小程序发送数据流

在mPython中，分别添加红外探测传感器、震动传感器，如下图所示：

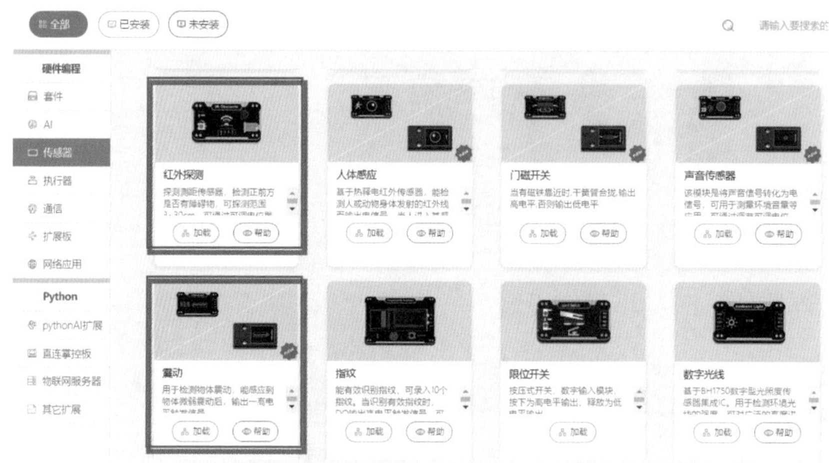

如果红外探测传感器和震动传感器被触发，向小程序发送数据流，名称为“shake”，值为“1”，表示有人敲门；否则，向小程序发送数据流，名称为“shake”，值为“0”，表示无人，如下图所示：

5.远程开关门

在mPython中添加舵机拓展块，如下图所示：

如果变量“flag”的值等于“on”，则设置舵机角度为90°；如果变量“flag”的值等于“off”，则设置舵机角度为0°，以此来模拟远程开关门的效果，如下图所示：

如果 flag = “on”
设置舵机 P13 角度为 90
如果 flag = “off”
设置舵机 P13 角度为 0

最终参考程序：

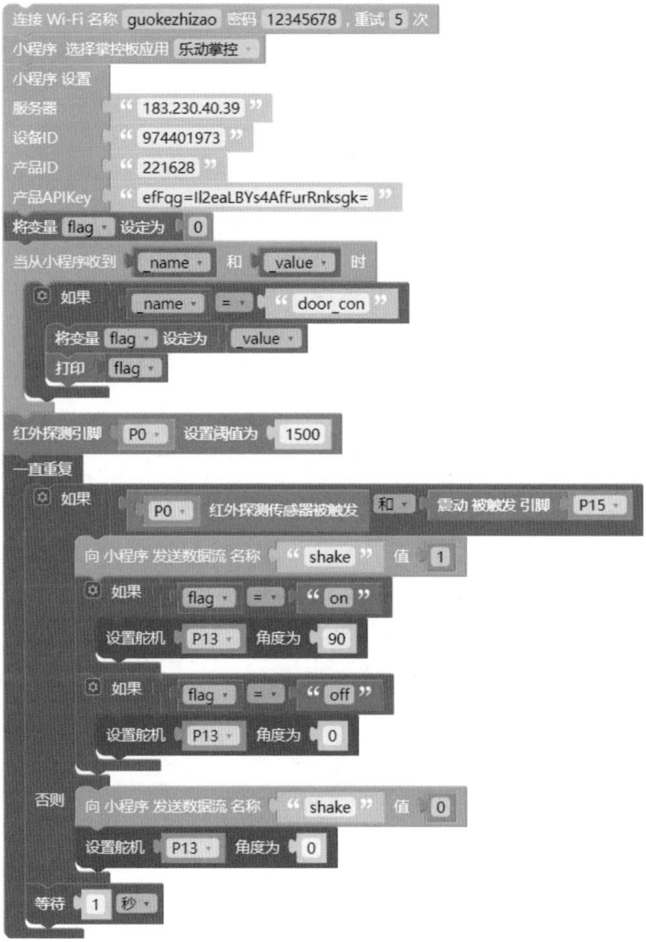
连接 Wi-Fi 名称 guokezhizao 密码 12345678，重试 5 次
小程序 选择掌控板应用 乐动掌控
小程序 设置
服务器 “183.230.40.39”
设备ID “974401973”
产品ID “221628”
产品APIKey “efFqg=Il2eaLBYs4AfFurRnksgk=”
将变量 flag 设定为 0
当从小程序收到 _name 和 _value 时
如果 _name = “door_con”
将变量 flag 设定为 _value
打印 flag
红外探测引脚 P0 设置阈值为 1500
一直重复
如果 P0 红外探测传感器被触发 和 震动 被触发 引脚 P15
向 小程序 发送数据流 名称 “shake” 值 1
如果 flag = “on”
设置舵机 P13 角度为 90
如果 flag = “off”
设置舵机 P13 角度为 0
否则
向 小程序 发送数据流 名称 “shake” 值 0
设置舵机 P13 角度为 0
等待 1 秒

四、结构搭建

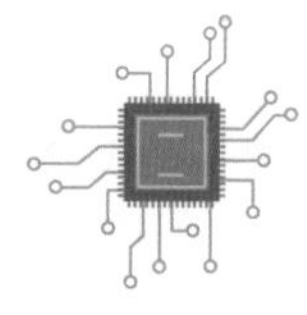

1.材料准备

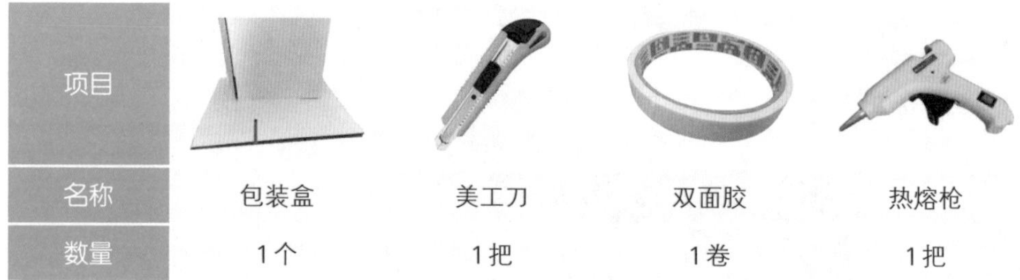

项目				
名称	包装盒	美工刀	双面胶	热熔枪
数量	1个	1把	1卷	1把

2.制作步骤

（1）预制外壳　打印“智能安防”标题，并粘贴在包装盒合适的位置，根据乐动掌控的尺寸，对包装盒进行挖空裁切。

（2）元器件组装　将元器件安装在对应位置，并用热熔枪进行固定，上传测试程序。

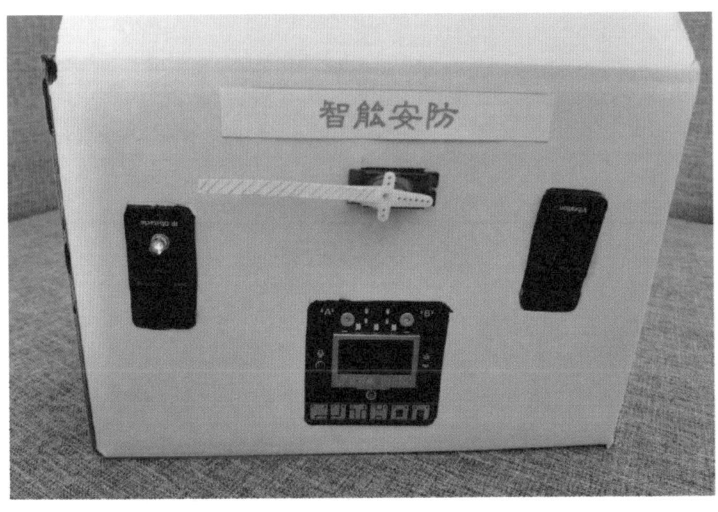
智航安防

（3）效果演示

"1"表示红外探测和震动同时触发
shake
2022-07-28 20:28:23
1
保存
door_con
请输入发送信息
发送

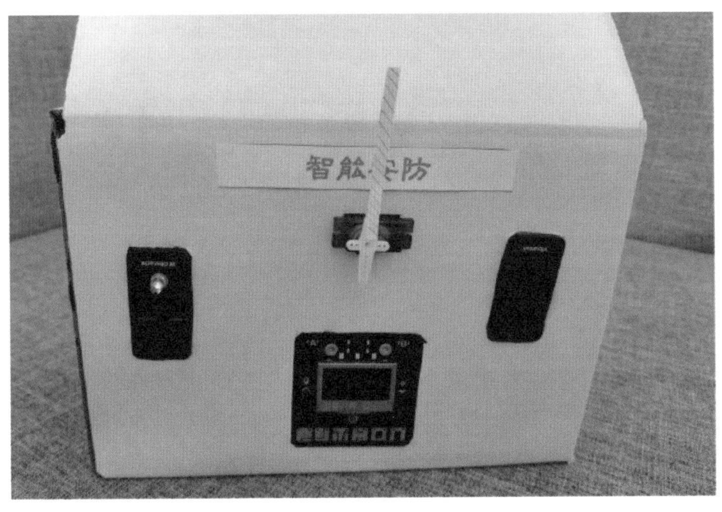
智航安防

知识之窗

1.舵机

舵机是由直流电机、减速齿轮组、传感器和控制电路组成的一套自动控制系统。通过发送信号，指定输出轴旋转角度。一般来说，舵机都有最大旋转角度（比如180°）。与普通直流电机的区别主要在于：直流电机是一圈一圈转动的；舵机只能在一定角度内转动（数字舵机可以在舵机模式和电机模式中切换），主要用来控制某物体转动一定角度用（比如机器人的关节）。标准的舵机有3条引线，分别是电源线VCC、地线GND和控制信号线。

2.震动传感器

震动传感器用于检测物体震动，当感应到物体微弱震动后，输出一高电平触发信号。工作原理为：在外力震动时，若达到适当的震动力，导电针将瞬间开启（ON）。任何角度都可以检测震动，在室温和正常使用情况下的开关使用寿命可达10万次。开启时间为0.1ms（建议使用中断捕捉）。

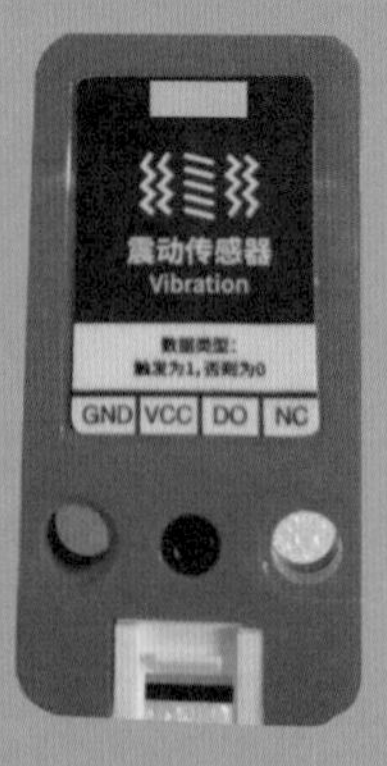

头脑风暴

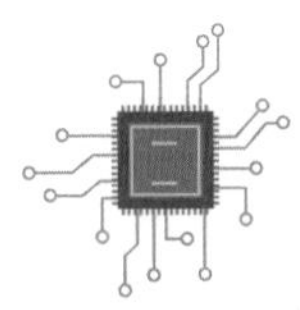

想一想，能不能添加LED灯，模拟夜晚场景，当有人敲门时，LED灯能为他们照明，怎样去实现呢？

大家可以以小组的形式进行合作，尝试实现这个功能。

设计要求：

① 添加LED灯，模拟夜晚场景，当有人敲门时，LED灯能为他们照明。

② 保证控制方式安全可靠。

第8课　智能之窗

长时间不通风，房间里的空气质量太差了！

没事的，我已经设计制作了一个会根据空气质量自动开关的窗户，这些小事就交给它吧！

程序规则：智能之窗分为远程控制与自动控制两部分。远程控制是通过微信小程序中的开关控件控制窗户的开启；自动控制是根据当前烟雾浓度进行控制。

一、外接硬件

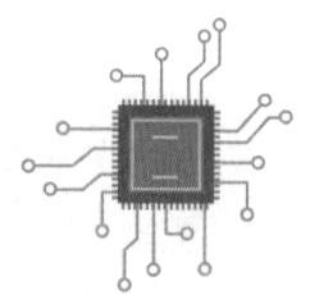

硬件	实物图	引脚	功能
烟雾传感器		P0	获取气体浓度值

续表

硬件	实物图	引脚	功能
舵机		P13（需接分支）	转动控制开关窗
分支模块		GND/VCC/P13/P14	拓展舵机接口

将烟雾传感器与掌控板的P0引脚相连；将舵机模块与掌控板的P13引脚相连（舵机的接法可查看第7课）。

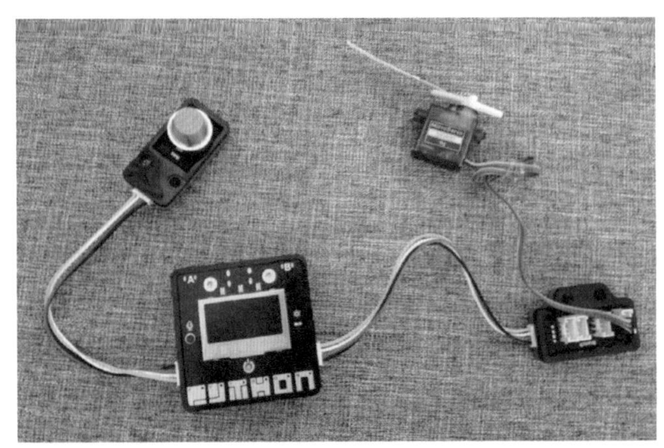

二、手机端设置

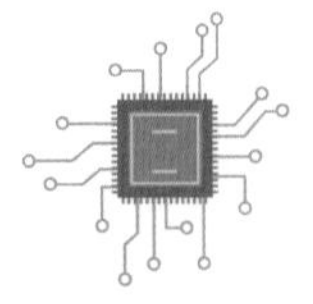

应用名称	组件名称	name值	功能
智能之窗	开关	con_window8	控制窗户的开启与关闭
	实时数据	gas8	获取气体浓度值

打开“掌控板物联网”微信小程序，点击“我的应用”—“添加应用”，应用名称为“智能之窗”，保留开关组件，设置其name值为con_window8，开值为1，关值为0，如右图所示：

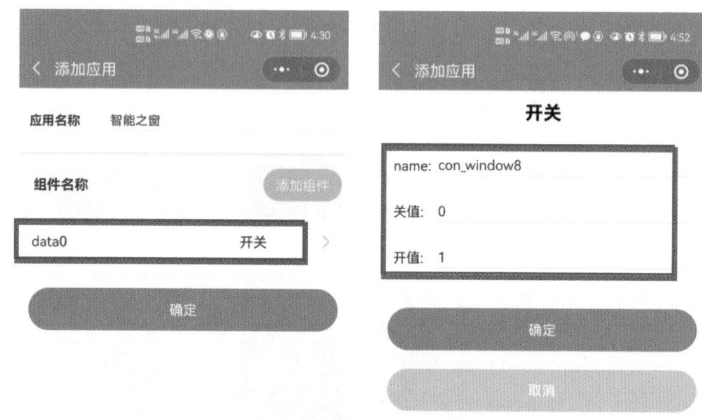

添加“实时数据”组件，设置其name值为gas8，点击“确定”，如右图所示：

点“确定”即可添加“智能之窗”应用，如右图所示：

三、程序编写

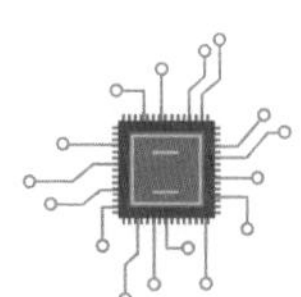

1.连接Wi-Fi及小程序设置

连接Wi-Fi及小程序设置参考前文，如右图所示：

```
连接 Wi-Fi 名称 guokezhizao 密码 12345678 ,重试 5 次
小程序 选择掌控板应用 乐动掌控
小程序 设置
服务器 “183.230.40.39”
设备ID “974401973”
产品ID “221628”
产品APIKey “efFqg=Il2eaLBYs4AfFurRnksgk=”
```

2.新建变量

新建变量“window_flag”，用于存储微信小程序中“开关”控件con_window8发送的值，并将变量“window_flag”赋值为0；新建变量“gas8”，用于存储烟雾传感器获取的模拟值，并赋值为0，如下图所示：

将变量 window_flag 设定为 0
将变量 gas8 设定为 0

3.从微信小程序获取指令

当从小程序收到_name和_value时，如果_name等于“开关”控件con_window8的值，将变量“window_flag”设定为其value值。打印变量“window_flag”，便于控制台查看，如下图所示：

4.远程开窗

在mPython中，添加烟雾传感器，如下图所示：

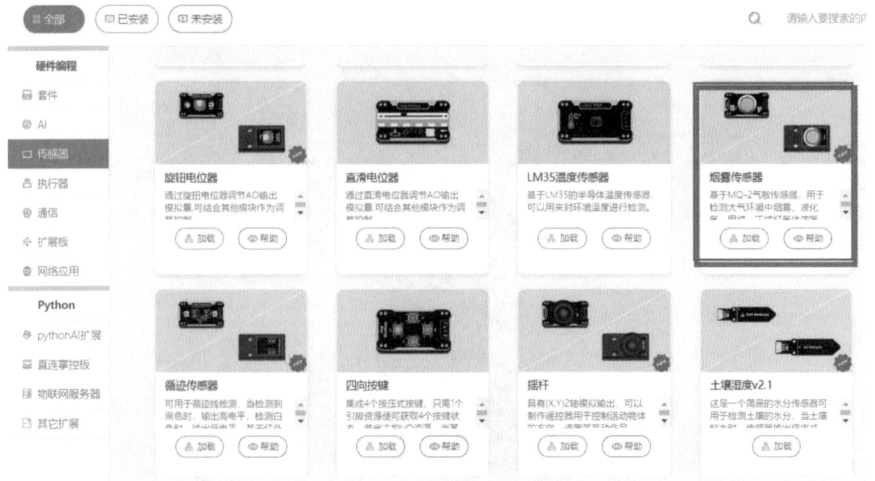

将变量“gas8”的值设定为烟雾传感器获取的模拟值，如果变量“window_flag”获取开关控件的值为1，设置舵机角度为60°，如果变量“gas8”的值大于1500，播放C3音符，如下图所示：

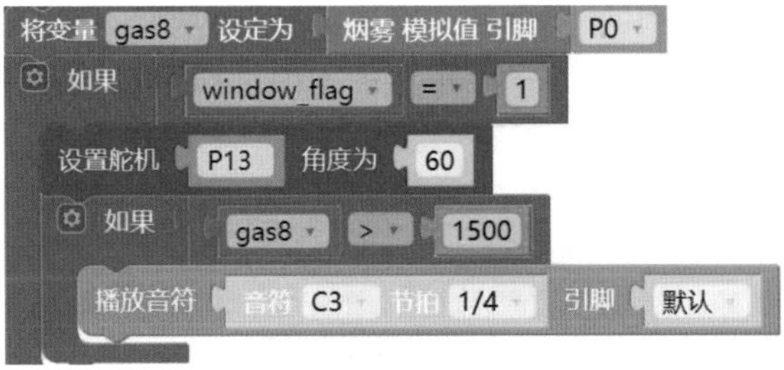

5. 自动开窗

如果变量“window_flag”获取开关控件的值为0，“gas8”大于1500，设置舵机角度为60°，播放C3音符；否则设置舵机角度为30°，如下图所示：

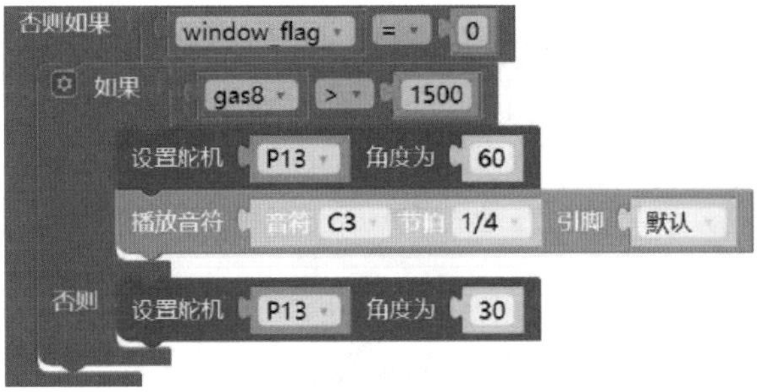

6. 显示数据

向小程序发送数据流名称为“gas8”，值为变量“gas8”；同时OLED第1行居中显示“智能之窗”，OLED第2行居中显示实时烟雾值，如下图所示：

最终参考程序：

```
连接 Wi-Fi 名称 guokezhizao 密码 12345678 ，重试 5 次
小程序 选择掌控板应用 乐动掌控
小程序 设置
服务器 “183.230.40.39”
设备ID “974401973”
产品ID “221628”
产品APIKey “efFqg=Il2eaLBYs4AfFurRnksgk=”
将变量 window_flag 设定为 0
将变量 gas8 设定为 0
当从小程序收到 _name 和 _value 时
    如果 _name = “con_window8”
        将变量 window_flag 设定为 _value
        打印 _value
一直重复
    将变量 gas8 设定为 烟雾 模拟值 引脚 P0
    如果 window_flag = 1
        设置舵机 P13 角度为 60
        等待 0.25 秒
    否则如果 window_flag = 0
        如果 gas8 > 1500
            设置舵机 P13 角度为 60
            播放音符 音符 C3 节拍 1/4 引脚 默认
        否则
            设置舵机 P13 角度为 30
    向 小程序 发送数据流 名称 “gas8” 值 gas8
    OLED 显示 清空
    OLED 第 1 行显示 “        智能之窗” 模式 普通 不换行
    OLED 第 2 行显示 转为文本 gas8 模式 普通 不换行
    OLED 显示生效
    等待 1 秒
```

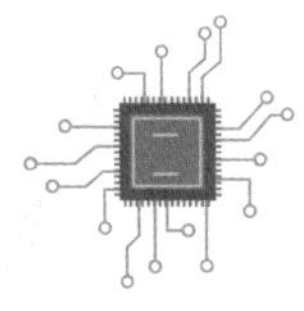

四、结构搭建

1. 材料准备

项目	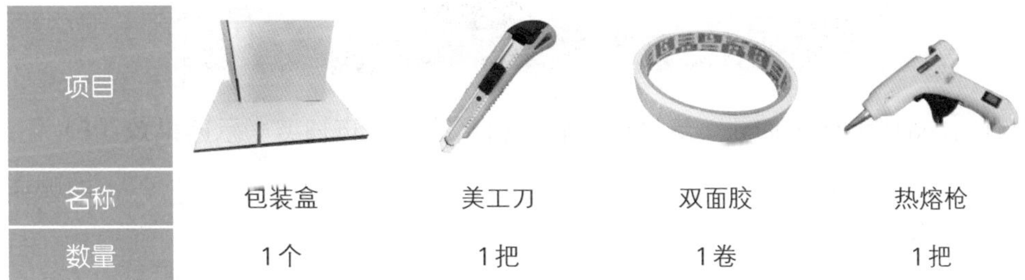			
名称	包装盒	美工刀	双面胶	热熔枪
数量	1个	1把	1卷	1把

2. 制作步骤

（1）预制外壳　打印“智能之窗”标题，并粘贴在包装盒合适的位置，根据乐动掌控的尺寸，对包装盒进行挖空裁切。

（2）元器件组装　将元器件安装在对应位置，并用热熔枪进行固定，上传测试程序。

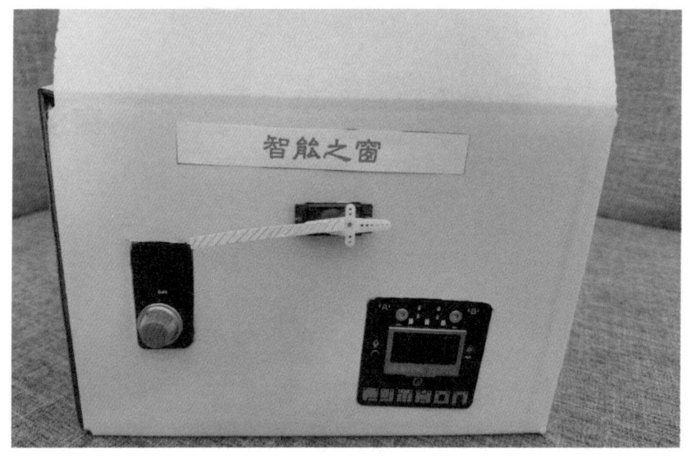

（3）效果演示　微信小程序效果如下图所示：

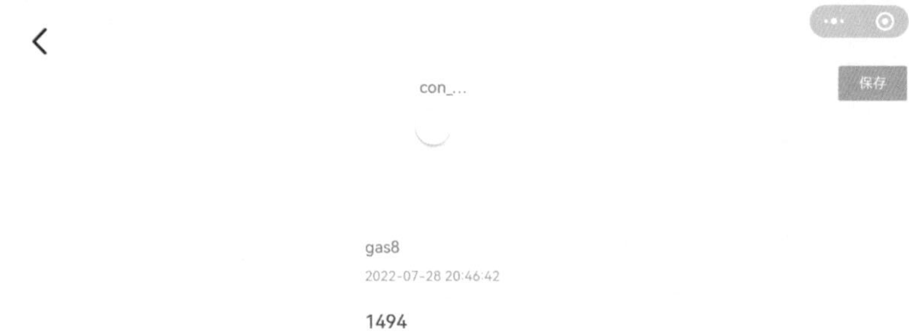

硬件效果如下图所示：

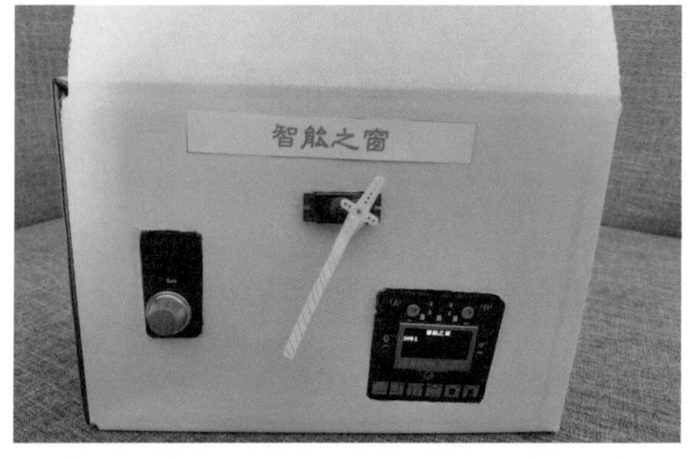

知识之窗

本项目所用烟雾传感器基于MQ-2气敏传感器，用于检测大气环境中烟雾、甲烷、丁烷等气体浓度，气体浓度越大，AO输出越大。可通过调节可调电位器，调节触发阈值。适用于家庭或工厂的气体泄漏监控装置，如丁烷、甲烷、乙醇、氢气、烟雾等监测装置，可探测可燃气体、烟雾的范围为300 ~ 10000cm^3/m^3。

需要注意的是：传感器通电后，需要预热20s左右，测量的数据才稳定，传感器发热属于正常现象，因为内部有电热丝。

五、头脑风暴

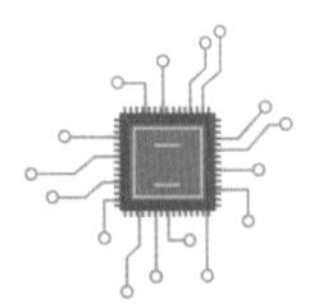

在不同的环境下，烟雾传感器检测到的数值分别是多少呢？想一想，能不能根据周围的环境，调整案例当中的参数，使之更适合所处的环境，怎样去实现呢？

大家可以以小组的形式进行合作，尝试实现这个功能。

设计要求：

① 根据周围的环境，调整案例当中的参数，使之更适合所处的环境。

② 保证控制方式安全可靠。

第三章
智慧交通

项目名称：乐享交通

项目目标

了解物联网在交通方面的应用，通过上网检索等方式了解传统交通灯的原理和作用，利用物联网技术创造出既能缓解交通压力，又能节约时间的交通工具和配套设施；感受和体验物联网为交通带来的便利；学会利用物联网技术提高生活效率，能结合生活实际设计一个便民交通信号灯。

项目过程

设计思考：通过收集与整理资料，设计一个感应人数的便民交通灯。

制作作品：通过网络搜索、阅读书籍等方式，了解交通的相关知识和涉及领域，进一步制作智慧交通的感应灯、遥控小车、防撞系统以及智慧停车场。

改进优化：提出实现感应人数便民交通灯的优化策略，完善方案并交流。

交流分享：将制作过程中的快乐与朋友、家人分享。

项目总结

完成本章项目后，各小组提交项目学习成果（包括思维导图、项目学习记录单、项目成果等），开展作品交流与评价，体验小组合作、项目学习和知识分享的过程，认识物联网对交通的影响和价值。

第9课　智慧交通灯

果果，交通信号灯是我们生活中不可缺少的一部分，在人们的日常出行中起着至关重要的作用，今天我们要一起制作便民交通灯，你有什么建议吗？

我认为咱们要做的便民交通灯能远程查看倒计时就好了！

这太简单了，我们一起来试一试！

程序规则：红灯倒计时10秒，绿灯倒计时10秒，黄灯倒计时3秒；当红灯时，OLED显示屏显示倒计时及提醒文字“红灯禁止通行”；当绿灯时，OLED显示屏显示倒计时及提醒文字“绿灯请通行”；当黄灯时，OLED显示屏显示倒计时及提醒文字“黄灯请等一等”。可通过微信小程序查看红绿灯倒计时情况。

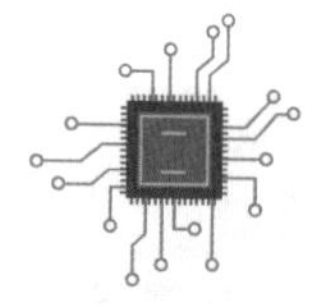

一、手机通信

应用名称	组件名称	name值	功能
智能交通灯	实时数据	red_flag	显示红灯倒计时
	实时数据	green_flag	显示绿灯倒计时
	实时数据	yellow_flag	显示黄灯倒计时

打开“掌控板物联网”微信小程序，点击“我的应用”—“添加应用”，应用名称为“智能交通灯”，删除所有组件，如下图所示：

1.设置红灯

添加“实时数据”组件，设置其name值为red_flag，点击“确定”即可，如下图所示：

2.设置绿灯

再次添加“实时数据”组件，设置其name值为green_flag，点击“确定”即可，如下图所示：

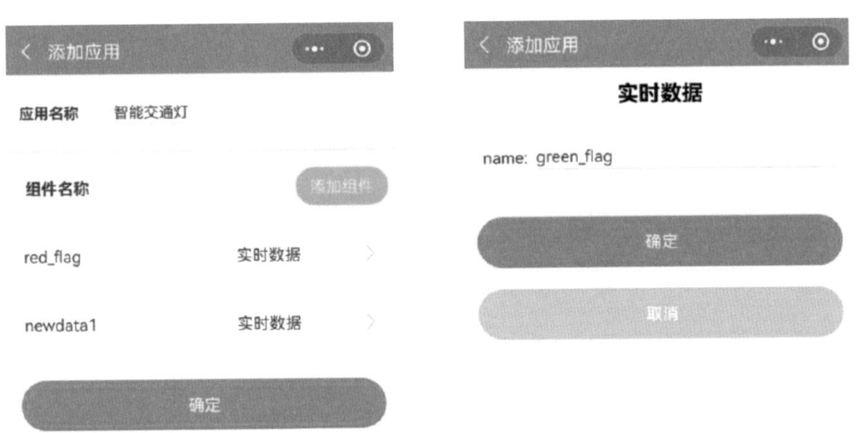

3.设置黄灯

继续添加“实时数据”组件，设置其name值为yellow_flag，点击“确定”即可，如下图所示：

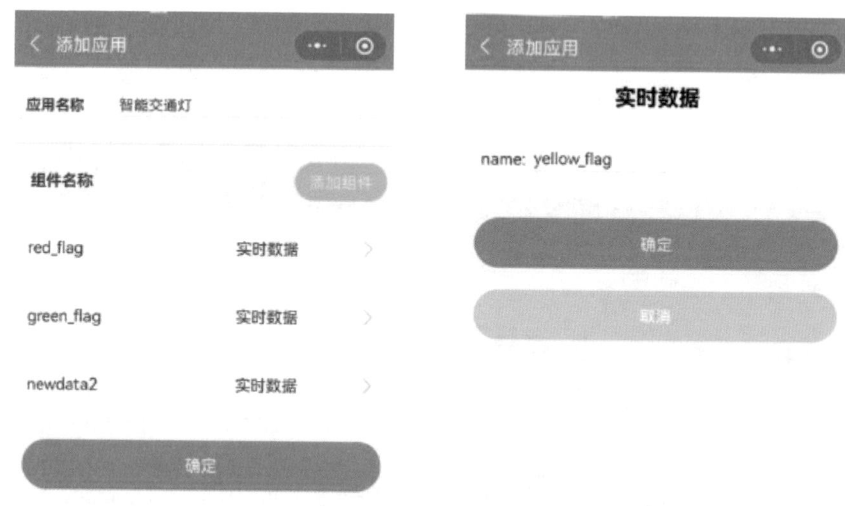

点“确定”即可添加“智能交通灯”应用，如下图所示：

二、程序编写

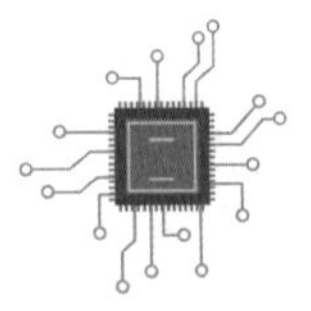

1. 连接Wi-Fi及小程序设置

连接Wi-Fi及小程序设置参考前文，如右图所示：

2. 新建变量

新建变量“flag”，用于红绿灯的切换。当flag=1时，为红灯；当flag=2时，为绿灯；当flag=3时，为黄灯。将“flag”的初始值设定为1。

3. 倒计时积木块

点击“脚本区”—“循环”，拖出“使用 i 从范围 1 到 10 每隔 1”积木块，该积木块的作用是：从起始数到结尾数中取出变量i的值，按指定的时间间隔，执行指定的块。红灯倒计时10秒，所以此处设置为“使用i从范围10到1每隔1”，如下图所示：

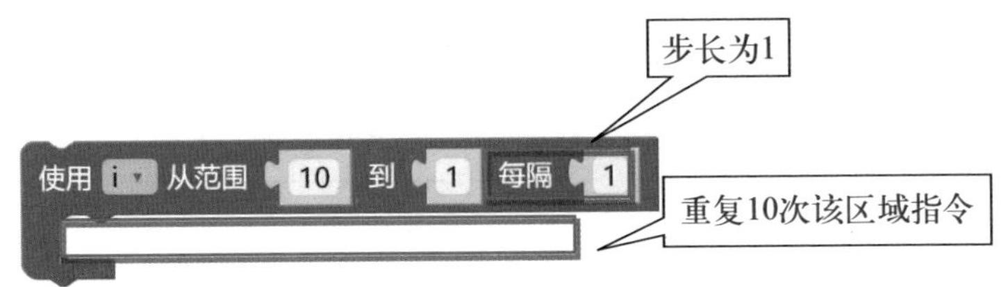

4.红灯设置

如果flag=1，设置所有的RGB灯为红色；向小程序发送数据流名称为“red_flag”，值为i，如下图所示：

OLED第1行显示倒计时；OLED第2行显示“红灯禁止通行”，如下图所示：

红灯倒计时10秒后，然后将变量flag的值设定为2，启动绿灯，如下图所示：

使用 i 从范围 10 到 1 每隔 1，每执行一次等待 1 秒，进而实现倒计时效果

5. 绿灯设置

绿灯的设置同红灯。需要注意的是，向小程序发送数据流时，绿灯对应“green_flag”，如下图所示：

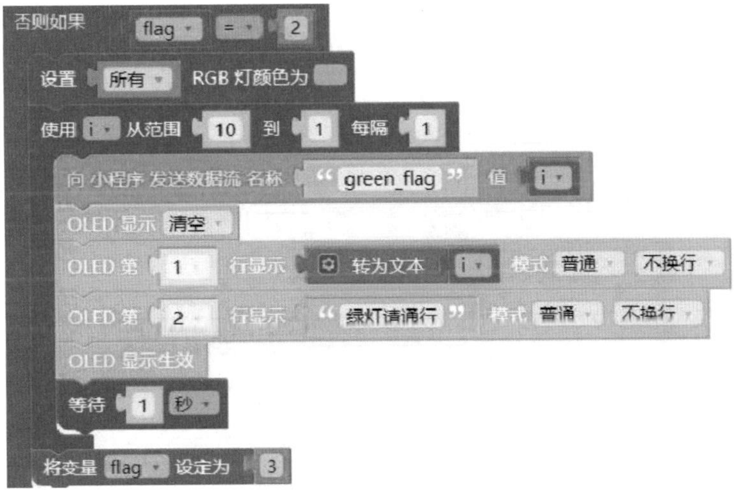

6. 黄灯设置

黄灯的设置同红灯。需要注意的是，向小程序发送数据流时，黄灯对应“yellow_flag”；黄灯的倒计时时长为3秒，如下图所示：

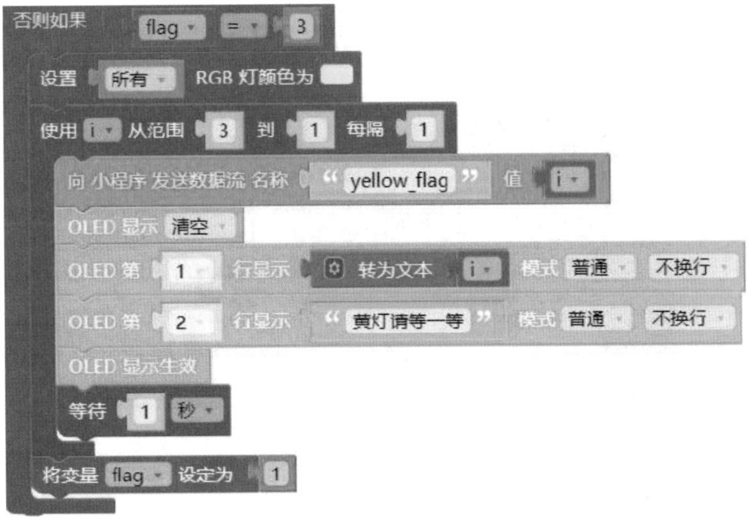

最终程序如下：

```
连接 Wi-Fi 名称 yumin531 密码 12345678，重试 5 次
小程序 设置
服务器 “183.230.40.39”
设备ID “972420088”
产品ID “221628”
产品APIKey “xUqOSXuyBwYQfbG374F6SpYRLtl=”
将变量 flag 设定为 1
一直重复
    如果 flag = 1
        设置 所有 RGB 灯颜色为
        使用 i 从范围 10 到 1 每隔 1
            向小程序 发送数据流 名称 “red_flag” 值 i
            OLED 显示 清空
            OLED 第 1 行显示 转为文本 i 模式 普通 不换行
            OLED 第 2 行显示 “红灯禁止通行” 模式 普通 不换行
            OLED 显示生效
            等待 1 秒
        将变量 flag 设定为 2
    否则如果 flag = 2
        设置 所有 RGB 灯颜色为
        使用 i 从范围 10 到 1 每隔 1
            向小程序 发送数据流 名称 “green_flag” 值 i
            OLED 显示 清空
            OLED 第 1 行显示 转为文本 i 模式 普通 不换行
            OLED 第 2 行显示 “绿灯请通行” 模式 普通 不换行
            OLED 显示生效
            等待 1 秒
        将变量 flag 设定为 3
    否则如果 flag = 3
        设置 所有 RGB 灯颜色为
        使用 i 从范围 3 到 1 每隔 1
            向小程序 发送数据流 名称 “yellow_flag” 值 i
            OLED 显示 清空
            OLED 第 1 行显示 转为文本 i 模式 普通 不换行
            OLED 第 2 行显示 “黄灯请等一等” 模式 普通 不换行
            OLED 显示生效
            等待 1 秒
        将变量 flag 设定为 1
```

三、结构搭建

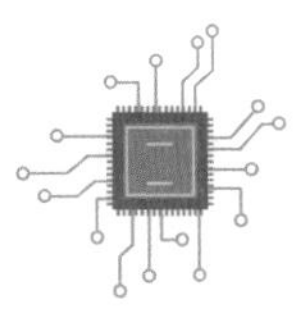

1. 材料准备

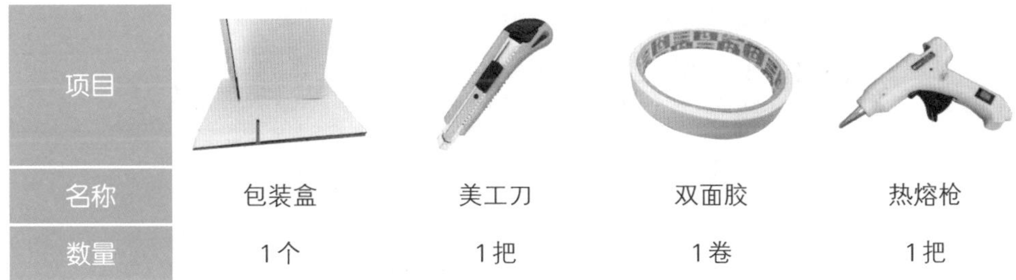

项目				
名称	包装盒	美工刀	双面胶	热熔枪
数量	1个	1把	1卷	1把

2. 制作步骤

（1）预制外壳　打印“智慧交通灯”标题，并粘贴在包装盒合适的位置，根据乐动掌控的尺寸，对包装盒进行挖空裁切。

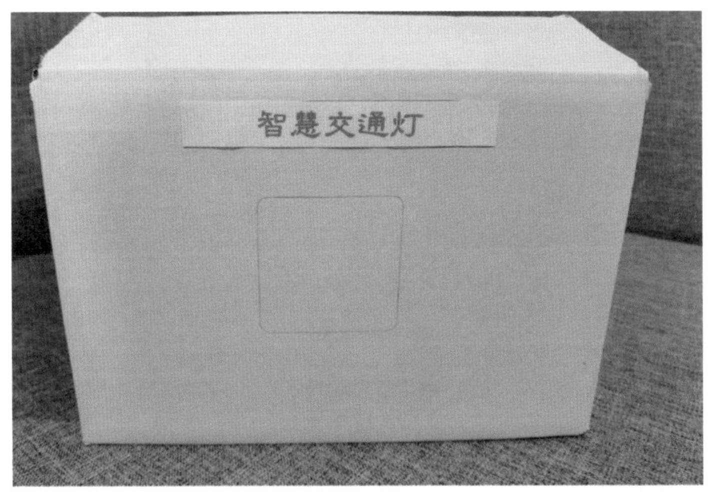

（2）元器件组装　将元器件安装在对应位置，并用热熔枪进行固定，上传测试程序。

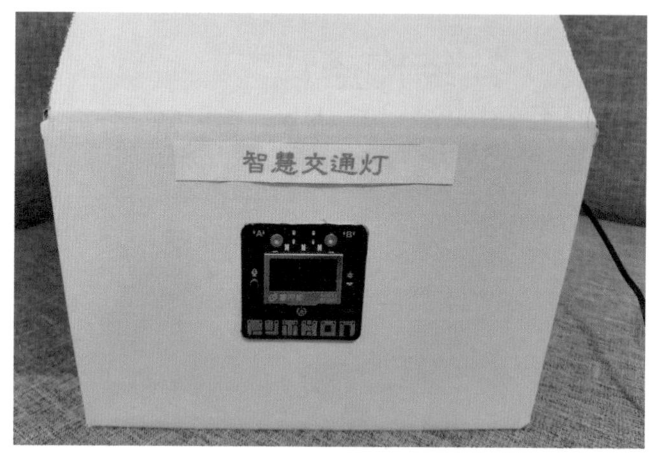

（3）效果演示

<

保存

red_flag

2022-07-23 23:02:24

1

yellow_flag

2022-07-23 23:02:12

1

green_flag

2022-07-23 23:02:25

10

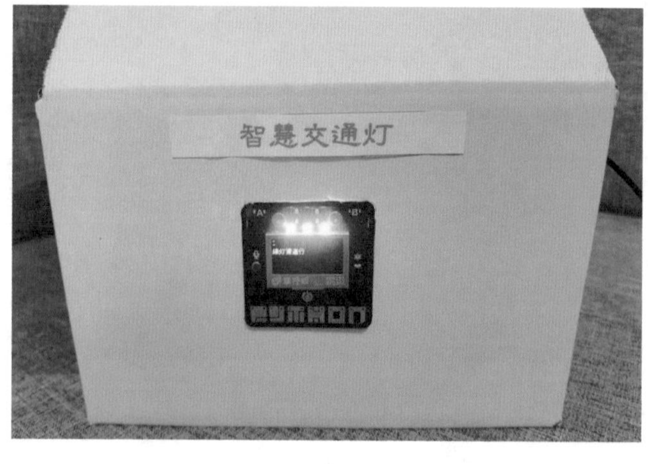

red_flag
2022-07-23 23:01:24
7

yellow_flag
2022-07-23 23:01:19
1

green_flag
2022-07-23 23:01:16
1

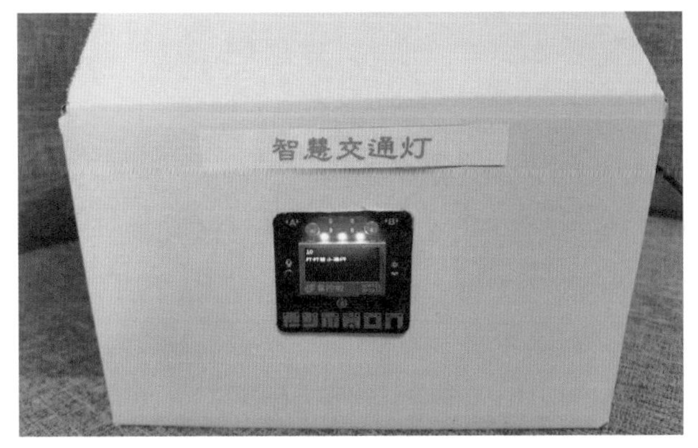

red_flag
2022-07-23 23:01:04
1

yellow_flag
2022-07-23 23:01:18
2

green_flag
2022-07-23 23:01:16
1

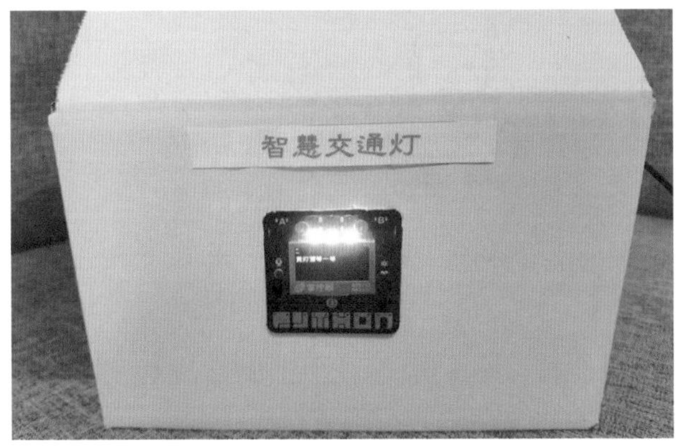

知识之窗

红绿灯的起源可追溯到19世纪初的英国，一位纺纱工人想出用灯光颜色控制交通的办法，可惜这个发明未引起政府重视。一盏名副其实的三色灯（红、黄、绿三种标志）于1918年诞生，被安装在纽约市五号街的一座高塔上。由于它的诞生，城市交通大为改善。黄色信号灯的发明者是我国的胡汝鼎，他想到在红、绿灯中间再加上一个黄色信号灯，提醒人们注意危险。于是红、黄、绿三色信号灯即以一个完整的指挥信号系统，遍及全世界交通领域。中国最早的马路红绿灯，于1928年出现在上海。

头脑风暴

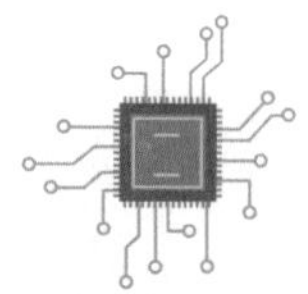

想一想，可不可以优化程序，使微信小程序既能控制绿灯时长，也能控制红灯的时长，怎样去实现呢？

马上行动

大家可以以小组的形式合作，进行尝试。

设计要求：

① 添加组件，并调整程序，实现远程控制红、绿灯倒计时时长的效果。

② 保证控制方式安全可靠。

第10课　车辆计数管家

果果，昨天去商场，我看见商场的停车场真智能啊，既能够自动升降，又能够告诉我们还剩余多少个车位，我也想做一个这样的停车场，你有什么建议吗？

通过日常观察，我发现停车场都有一个摄像头来统计进入和离开的车辆！

是的，咱们今天可以利用红外传感器代替摄像头统计车辆的进出，也跟商场一样用屏幕显示场内车子的数量。

程序规则：车辆计数管家通过红外传感器统计进出的车辆，通过微信小程序和OLED实时查看进场、出场及剩余车辆数。

外接硬件

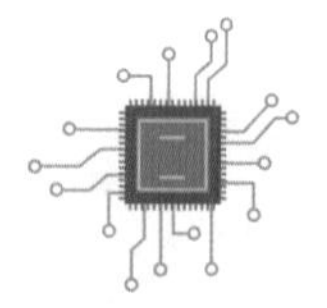

硬件	实物图	引脚	功能
红外探测传感器（进场）		P0	车辆进场感应
红外探测传感器（出场）		P1	车辆出场感应
分支	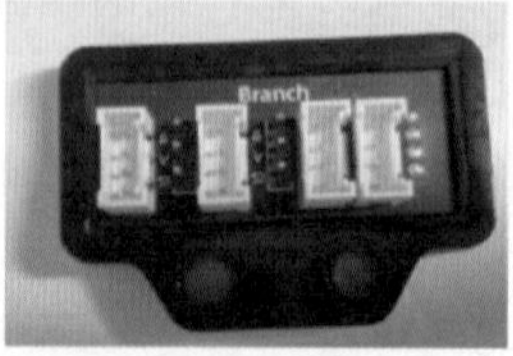	GND/VCC/P0/P1	拓展红外探测接口

红外探测模块只能使用在P0、P1上，所以需要分支来拓展接口，将分支模块与乐动掌控的“GND/VCC/P0/P1”引脚相连。其中白色杜邦线对应乐动掌控的P0及分支的S1，因此把红外探测模块连接到S1即表示与乐动掌控的P0引脚相连接；黄色杜邦线对应乐动掌控的P1及分支的S2，因此把红外探测模块连接到S2即表示与乐动掌控的P1引脚相连接。接线图如下图所示：

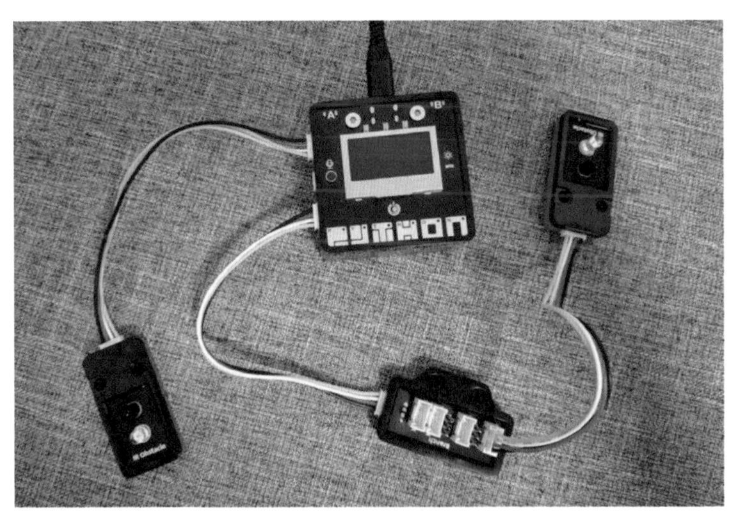

二、手机端设置

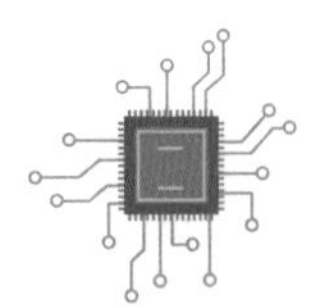

应用名称	组件名称	name值	功能
车辆计数管家	实时数据	car_in	获取入场车辆数
	实时数据	car_out	获取出场车辆数
	实时数据	car_sum	获取剩余车辆数

打开“掌控板物联网”微信小程序，点击“我的应用”—“添加应用”，应用名称为“车辆计数管家”，删除所有组件，如下图所示：

1.设置进场车辆

添加“实时数据”组件，设置其name值为car_in，点击“确定”即可，如下图所示：

2. 设置出场车辆

再次添加“实时数据”组件，设置其name值为car_out，点击“确定”即可，如下图所示：

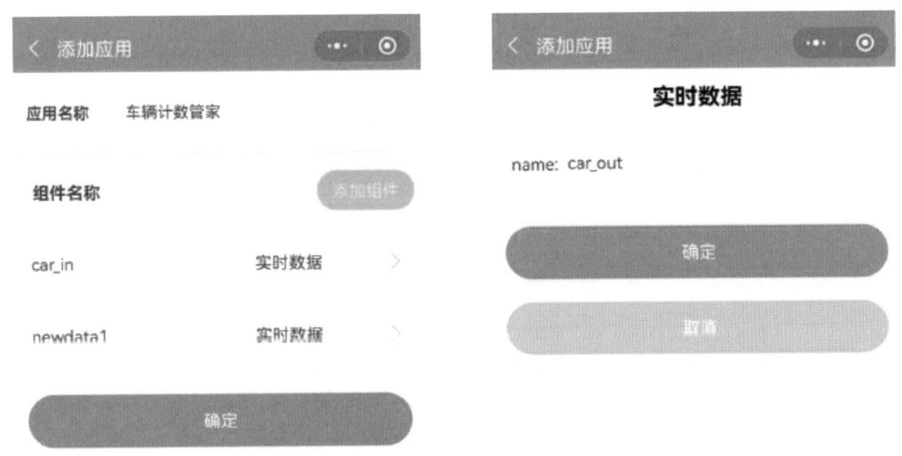

3. 设置剩余车辆

继续添加“实时数据”组件，设置其name值为car_sum，点击“确定”即可，如下图所示：

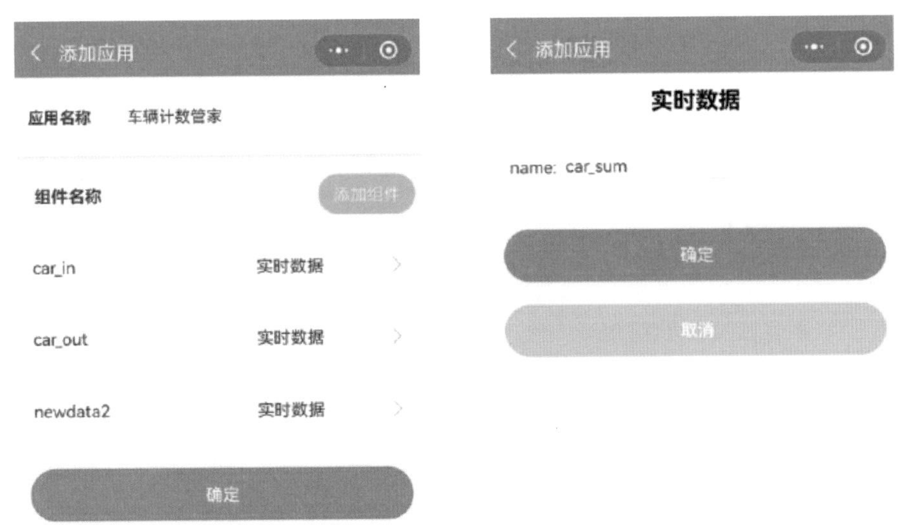

点“确定”即可添加“车辆计数管家”应用，如下图所示：

三、程序编写

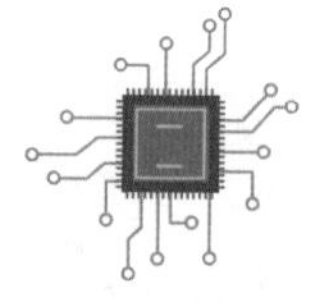

1.连接Wi-Fi及小程序设置

连接Wi-Fi及小程序设置参考前文，如下图所示：

连接 Wi-Fi 名称 guokezhizao 密码 12345678 ，重试 5 次
小程序 选择掌控板应用 乐动掌控
小程序 设置
服务器 “183.230.40.39”
设备ID “974401973”
产品ID “221628”
产品APIKey “efFqg=Il2eaLBYs4AfFurRnksgk=”

2. 新建变量

新建变量“car_num_in”，用于存储进场车辆数；新建变量“car_num_out”，用于存储出场车辆数；新建变量“car_sum”，用于存储剩余车辆数。三个变量的初始值都设定为0，如下图所示：

将变量 car_num_in 设定为 0
将变量 car_num_out 设定为 0
将变量 car_sum 设定为 0

3. 初始化红外探测引脚

分别初始化检测进场和出场车辆数的红外探测引脚为P0、P1，阈值为默认1500，如下图所示：

4. 进出场车辆统计

（1）进场设置　点击“脚本区”—“循环”，拖出事件积木块，设置事件1为当进场处（P0）红外探测传感器被触发时，把变量“car_num_in”的值加1，等待0.5秒，如下图所示：

（2）出厂设置　再次拖出事件积木块，设置事件7为当出场处（P1）红外探测传感器被触发时，把变量“car_num_out”的值加1，等待0.5秒，如下图所示：

5. 向微信小程序发送数据

把变量“car_sum”设定为进场车辆数与出场车辆数的差，并将数值发送到微信小程序中，如下图所示：

6. OLED显示车辆信息

OLED第1行显示进场车辆，第2行显示出场车辆，第3行显示剩余车辆，如下图所示：

最终参考程序：

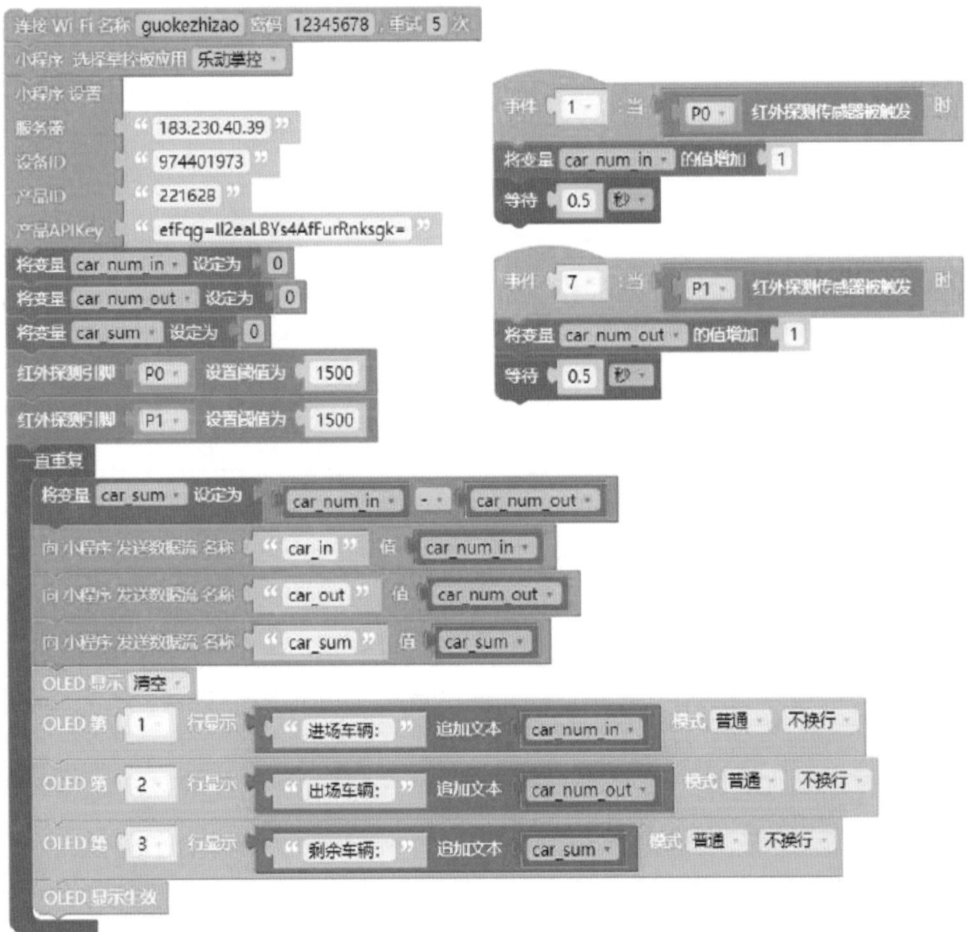
连接 Wi-Fi 名称 guokezhizao 密码 12345678 重试 5 次
小程序 选择主控板应用 乐动掌控
小程序 设置
服务器 “183.230.40.39”
设备ID “974401973”
产品ID “221628”
产品APIKey “efFqg=Il2eaLBYs4AfFurRnksgk=”
将变量 car_num_in 设定为 0
将变量 car_num_out 设定为 0
将变量 car_sum 设定为 0
红外探测引脚 P0 设置阈值为 1500
红外探测引脚 P1 设置阈值为 1500
一直重复
将变量 car_sum 设定为 car_num_in - car_num_out
向小程序 发送数据流 名称 “car_in” 值 car_num_in
向小程序 发送数据流 名称 “car_out” 值 car_num_out
向小程序 发送数据流 名称 “car_sum” 值 car_sum
OLED 显示 清空
OLED 第 1 行显示 “进场车辆：” 追加文本 car_num_in 模式 普通 不换行
OLED 第 2 行显示 “出场车辆：” 追加文本 car_num_out 模式 普通 不换行
OLED 第 3 行显示 “剩余车辆：” 追加文本 car_sum 模式 普通 不换行
OLED 显示生效
事件 1 当 P0 红外探测传感器被触发 时
将变量 car_num_in 的值增加 1
等待 0.5 秒
事件 7 当 P1 红外探测传感器被触发 时
将变量 car_num_out 的值增加 1
等待 0.5 秒

四、结构搭建

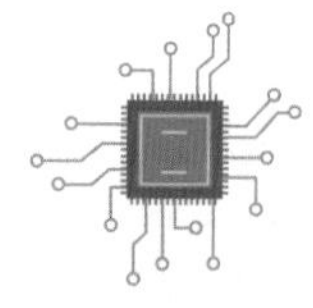

1. 材料准备

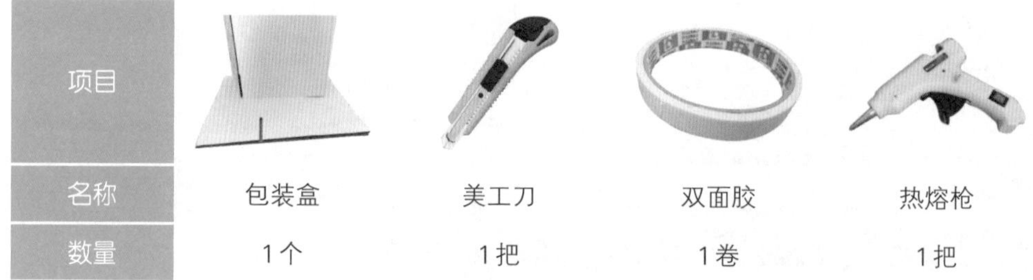

项目				
名称	包装盒	美工刀	双面胶	热熔枪
数量	1个	1把	1卷	1把

2. 制作步骤

（1）预制外壳　打印“车辆计数管家”标题，并粘贴在包装盒合适的位置，根据乐动掌控的尺寸，对包装盒进行挖空裁切。

（2）元器件组装　将元器件安装在对应位置，并用热熔枪进行固定，上传测试程序。

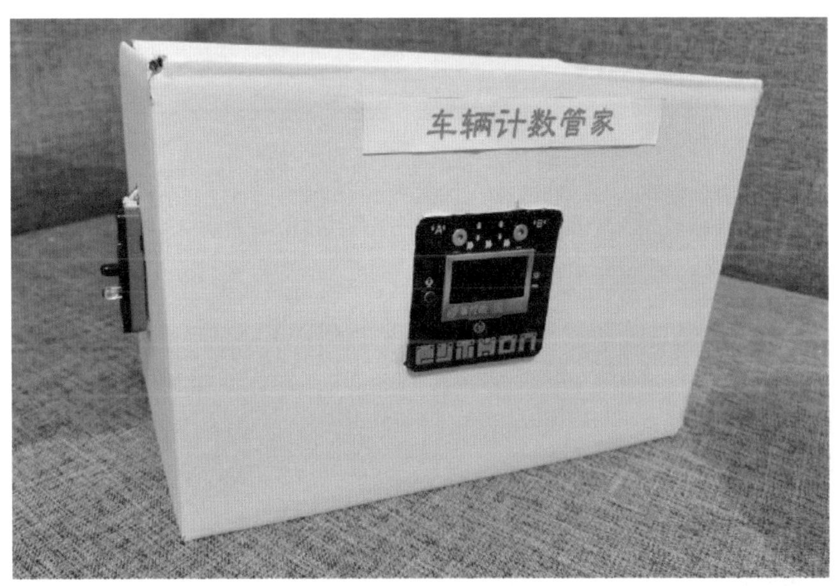

（3）效果演示　基于设计车辆计数管家的理念，我们设定进入的车辆为第一个红外传感器的值，离开的车辆为第二个红外传感器的值。OLED屏幕显示实时车辆数。如果进场处的红外探测被触发，证明有进入的车辆，进场车辆加1；如果出场处的红外探测被触发，证明有出场的车辆，出场车辆加1；剩余车辆数量是进场车辆数−出场车辆数。

控制台
中断
重置
寻求帮助
{'car_in': 9}
{'car_out': 2}
{'car_sum': 7}
{'car_in': 9}
{'car_out': 2}
{'car_sum': 7}
{'car_in': 9}
{'car_out': 2}
{'car_sum': 7}
{'car_in': 9}
{'car_out': 2}
{'car_sum': 7}

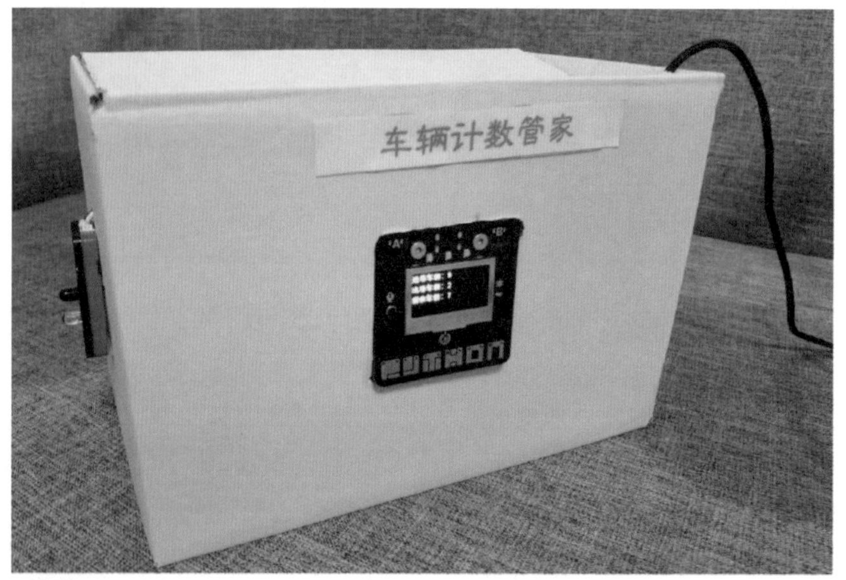
车辆计数管家

知识之窗

智慧停车场将无线通信技术、GPS定位技术、GIS技术等综合应用于城市停车位的采集、管理、查询、导航等，实现停车位资源的实时更新、查询、预订与导航服务一体化，服务于车主的日常停车、错时停车、停车位导航等，广泛应用于小区、景点、大型商场。

五、头脑风暴

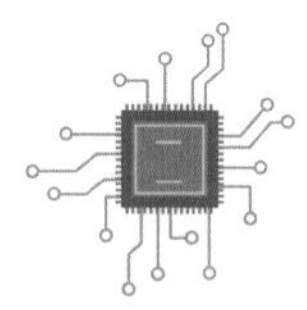

想一想，停车场的位置都是有限的，怎样能让人们更有效率地停车呢？利用我们使用过的器件，怎样去实现呢？

马上行动

大家可以以小组的形式进行合作，尝试实现这个功能。

设计要求：

① 增加一个麦克风，在车子的进出过程中播报进场车辆和离场车辆。

② 把车位设定为100个，当停车场内剩余100辆车时，LED屏幕显示“车位已满”。

第11课　物联小车动起来

果果，遥控车是我们童年时不可缺少的玩具之一，今天我们要制作一款属于自己的物联遥控车，你有什么建议吗？

物联遥控小车本身需要电机和轮子等硬件，还需要遥控器！

咱们今天制作的遥控小车可以直接用手机操控，不仅能控制方向，还能控制速度呢。

物联遥控小车是手机远程控制。通过微信小程序中的按键控制小车前后左右运动及停止，通过滑块控制小车速度。

一、硬件连接

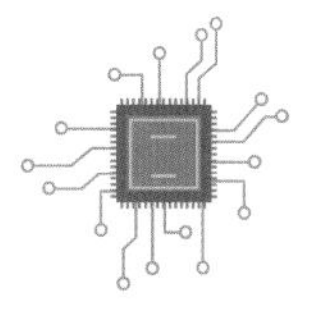

硬件	实物图	引脚	功能
黄色电机（M1）		M1 电机接口	电机驱动接口
黄色电机（M2）		M2 电机接口	电机驱动接口

将电机与掌控板的M1和M2电机接口相连：

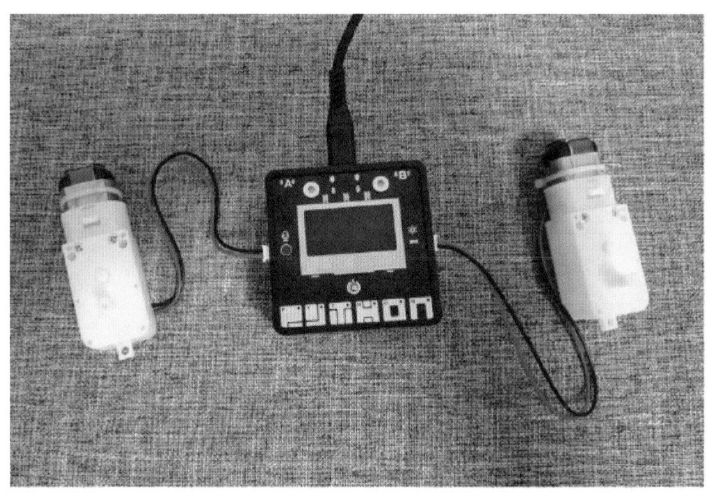

二、手机端设置

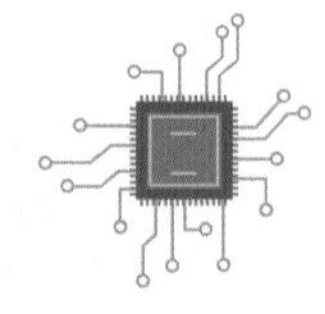

应用名称	组件名称	name值	功能
物联小车（一）	按钮	go	控制小车前进
		back	控制小车后退
		left	控制小车左转
		right	控制小车右转
		stop	小车停止
	滑块	speed	控制车速

打开“掌控板物联网”微信小程序，点击“我的应用”—“添加应用”，应用名称为“物联小车”，删除所有组件，如右图所示：

添加5个“按钮”组件，分别设置其name值为“go”“back”“left”“right”“stop”；添加1个“滑块”组件，设置其name值为“speed”，点击“确定”，如下图所示：

点“确定”即可添加“物联小车”应用，如下图所示：

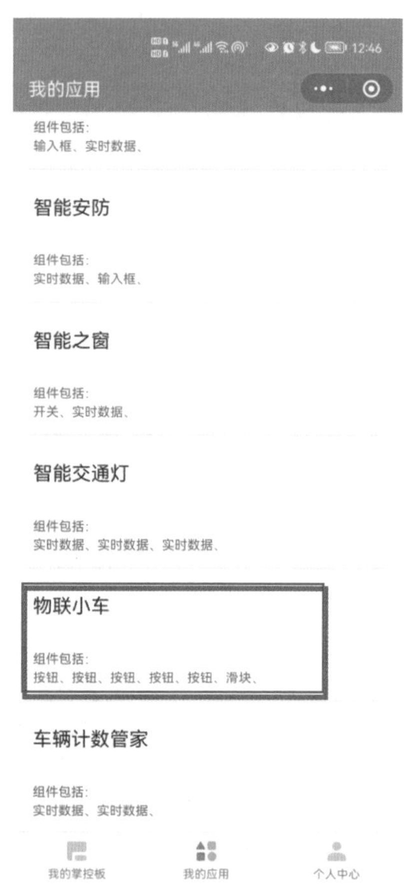

三、小车搭建

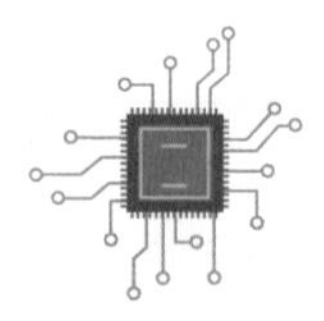

已搭建好的小车模型如下：

四、程序编写

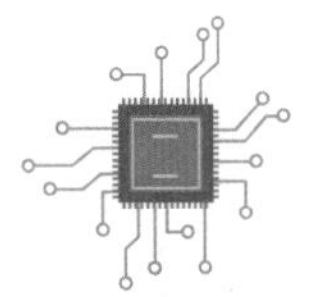

1.连接Wi-Fi及小程序设置

连接Wi-Fi及小程序设置参考前文，如右图所示：

```
连接 Wi-Fi 名称 ledongzk 密码 12345678 ，重试 5 次
小程序 选择掌控板应用
小程序 设置
服务器 “183.230.40.39”
设备ID “974401973”
产品ID “221628”
产品APIKey “efFqg=Il2eaLBYs4AfFurRnksgk=”
```

2.新建变量

新建变量“speed”，用于控制小车的车速，并将变量“speed”的值设定为50；新建变量“flag”，用于设定小车行走状态，并将变量“flag”的值设定为0，如右图所示：

3.从微信小程序获取指令

当从小程序收到_name和_value时，如果_name等于滑块控件“speed”的值，将变量“speed”设定为其value值，打印变量“speed”，便于控制台查看；否则将变量“flag”设定为_name（即小车行走的五种状态：“go”“back”“left”“right”“stop”），如右图所示：

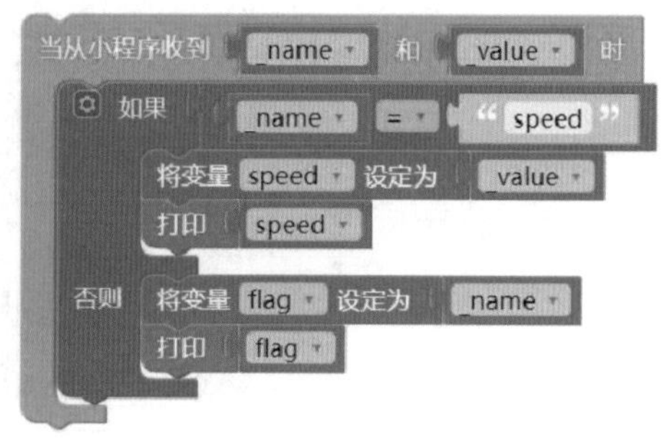

4.小车动起来

点击脚本区的“拓展”—“添加”—“执行器”，添加电机，如下图所示：

电机拓展块中包含以下三个积木块，利用它们即可让小车动起来。

打开 M1 电机 正转 速度 60：设置电机的旋转方式为正转，即前进。

打开 M1 电机 反转 速度 60：设置电机的旋转方式为反转，即后退。

关闭 M1 输出：设置电机停止转动。

（1）前进　因为两个电机是镜像放置的，小车前进需要电机一正一反转动，如下所示：

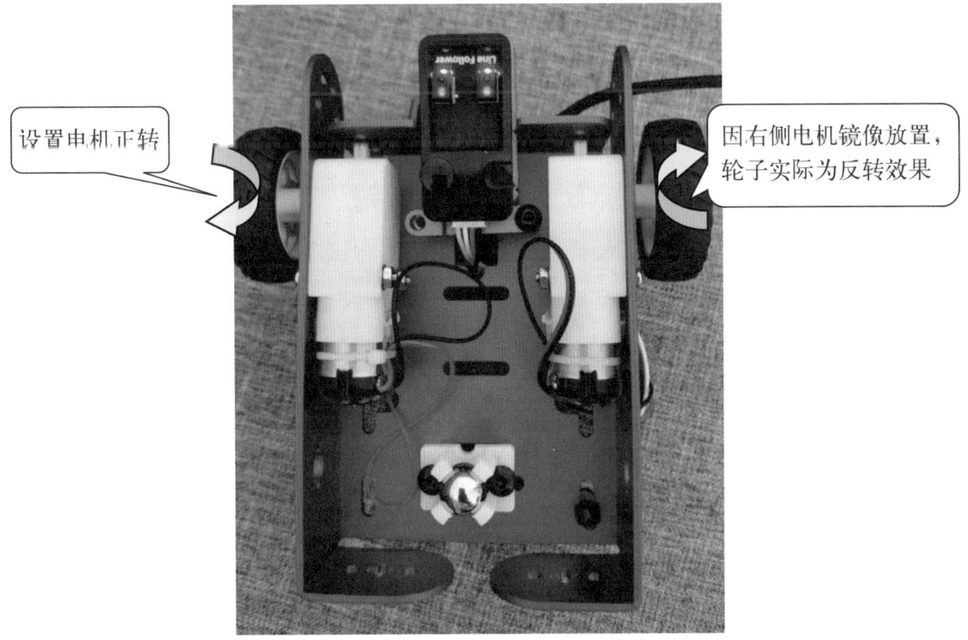

如果flag＝go，则M1电机反转、M2电机正转，速度为滑杆speed的值，如下图所示：

（2）后退　如果flag=back，则M1电机正转、M2电机反转，速度为滑杆speed的值，如下图所示：

（3）左转　如果flag=left，则M1和M2电机正转，速度为滑杆speed的值，如下图所示：

（4）右转　如果flag=right，则M1和M2电机反转，速度为滑杆speed的值，如下图所示：

（5）停止　如果flag=stop，则M1和M2电机停止转动，如下图所示：

否则如果 flag = “stop”
关闭 M1 输出
关闭 M2 输出

最终程序如下：

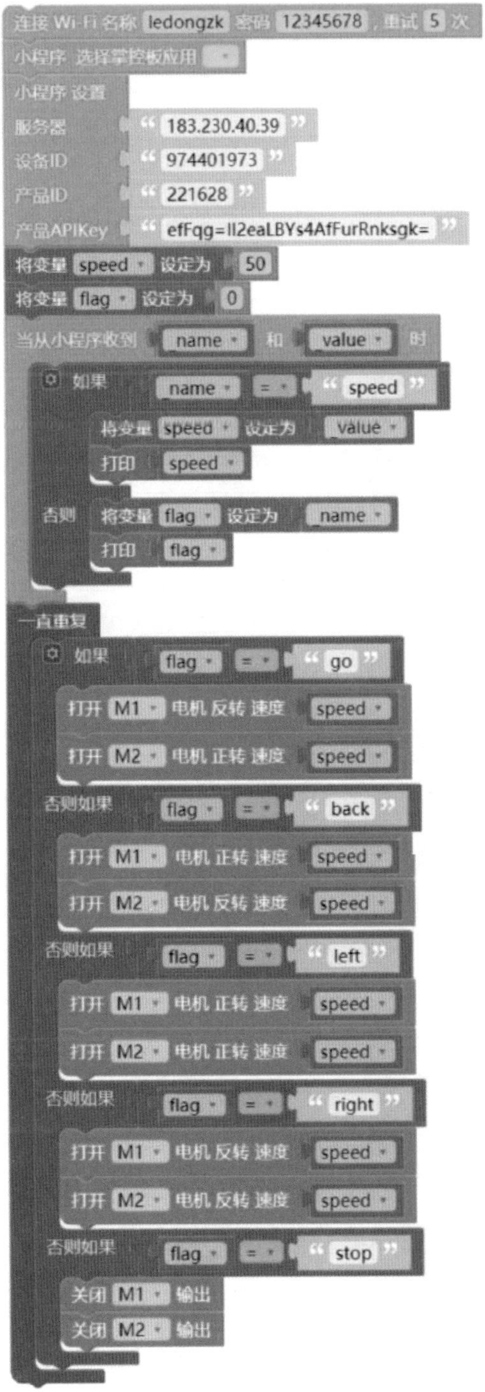

```
连接 Wi-Fi 名称 ledongzk 密码 12345678 , 重试 5 次
小程序 选择掌控板应用
小程序 设置
    服务器 “183.230.40.39”
    设备ID “974401973”
    产品ID “221628”
    产品APIKey “efFqg=Il2eaLBYs4AfFurRnksgk=”
将变量 speed 设定为 50
将变量 flag 设定为 0
当从小程序收到 name 和 value 时
    如果 name = “speed”
        将变量 speed 设定为 value
        打印 speed
    否则
        将变量 flag 设定为 name
        打印 flag
一直重复
    如果 flag = “go”
        打开 M1 电机 反转 速度 speed
        打开 M2 电机 正转 速度 speed
    否则如果 flag = “back”
        打开 M1 电机 正转 速度 speed
        打开 M2 电机 反转 速度 speed
    否则如果 flag = “left”
        打开 M1 电机 正转 速度 speed
        打开 M2 电机 正转 速度 speed
    否则如果 flag = “right”
        打开 M1 电机 反转 速度 speed
        打开 M2 电机 反转 速度 speed
    否则如果 flag = “stop”
        关闭 M1 输出
        关闭 M2 输出
```

五、效果演示

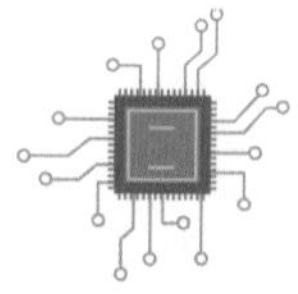

上传程序后，单击微信小程序中的“物联小车”应用就可以操控小车动起来。

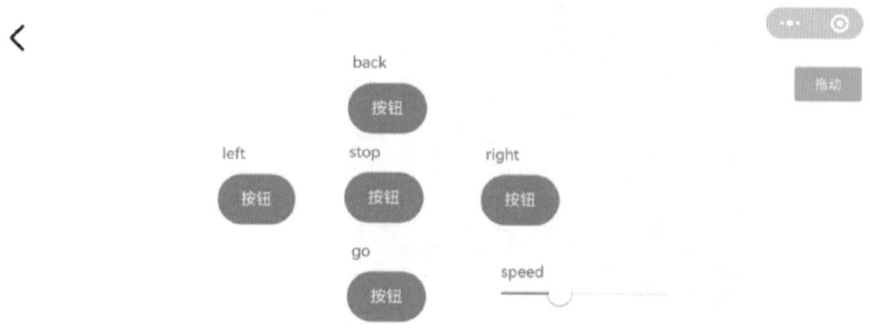

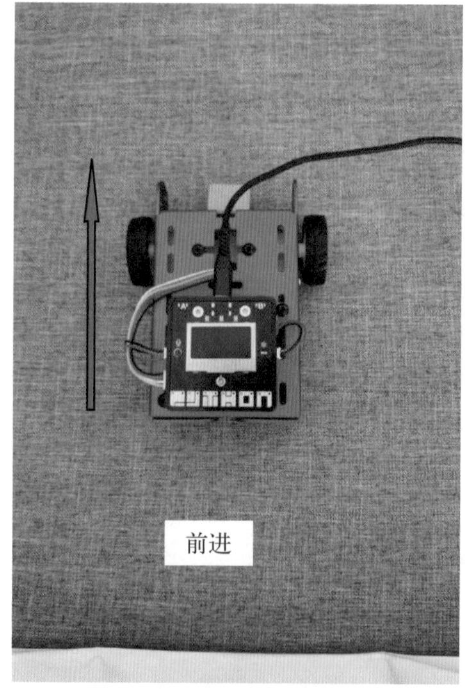

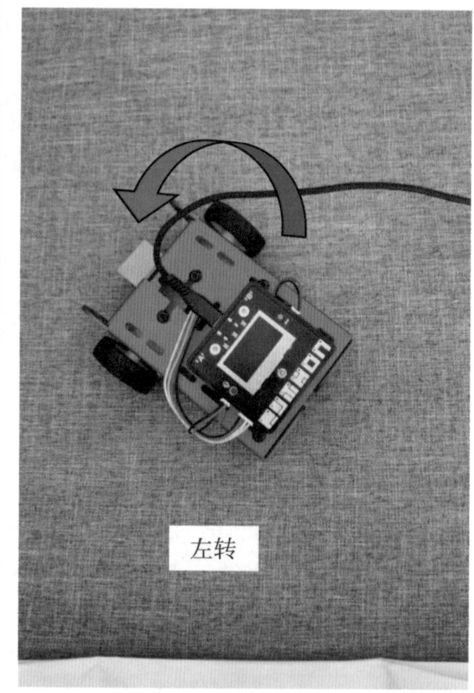

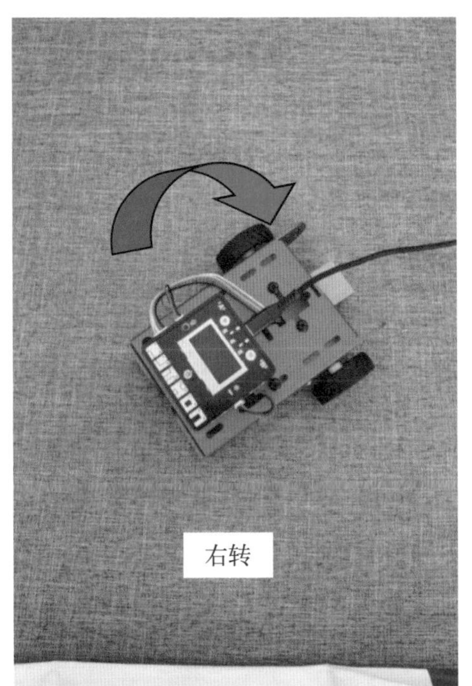

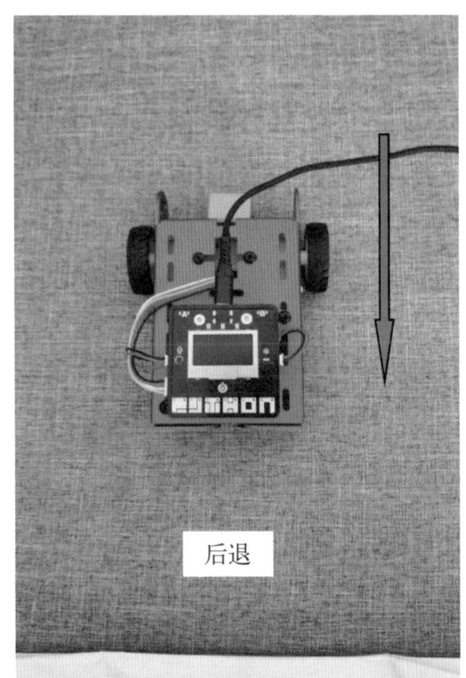

知识之窗

无人驾驶汽车是智能汽车的一种，也称为轮式移动机器人，主要依靠车内的以计算机系统为主的智能驾驶仪来实现无人驾驶的目的。中国自主研制的无人车——由国防科技大学自主研制的红旗HQ3无人车，于2011年7月14日首次完成了从长沙到武汉286公里的高速全程无人驾驶实验，创造了中国自主研制的无人车在一般交通状况下自主驾驶的新纪录，标志着中国无人车在环境识别、智能行为决策和控制等方面实现了新的技术突破。

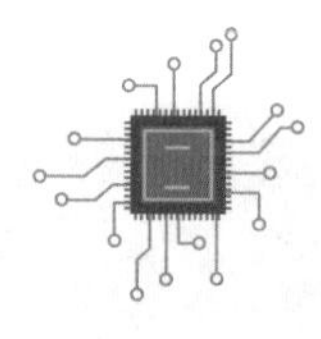

六、头脑风暴

想一想，能不能为小车增加LED灯转向提示效果呢？

大家可以以小组的形式进行合作，尝试实现如下功能：

增加LED灯转向提示效果，当小车左转时，亮左边转向灯；当小车右转时，亮右边转向灯。

第12课　物联小车巧避障

果果，我们已经让小车动起来了，现在我们要做一个安全防撞可跟随行驶的小车，你有什么建议吗？

通过查阅资料，我觉得做这样的小车除了车上必备的电机系统外，还需要超声波传感器和蜂鸣器等！

是的，咱们的物联小车首先需要能够知道和前方障碍物的距离，并能在接近障碍物时及时停车。

物联跟随小车同样也是手机远程控制。通过微信小程序中的按键控制小车前后左右运动及停止，通过滑块控制小车速度；当与障碍物的距离小于临界值时，小车停止行驶。

一、硬件连接

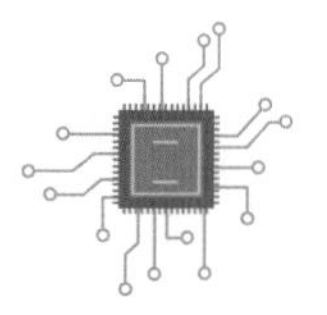

硬件	实物图	引脚	功能
黄色电机（M1）		M1 电机接口	电机驱动接口
黄色电机（M2）		M2 电机接口	电机驱动接口
超声波传感器		I^2C	获取与障碍物之间的距离

将电机与掌控板的M1和M2电机接口相连，如下图所示：

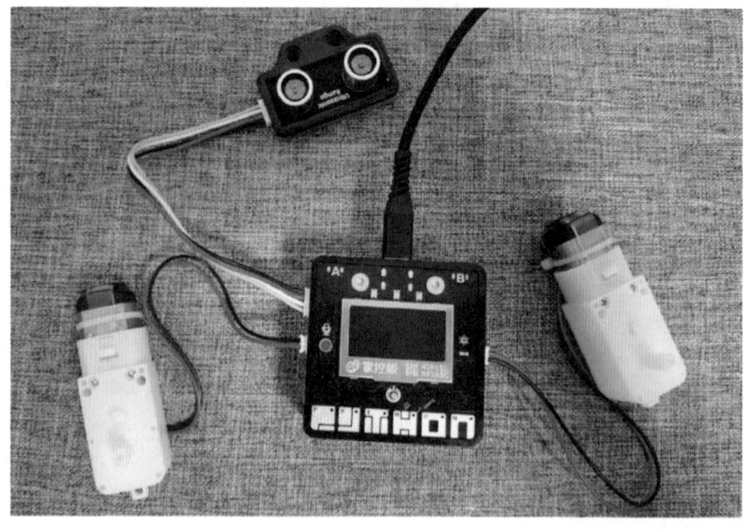

手机端设置

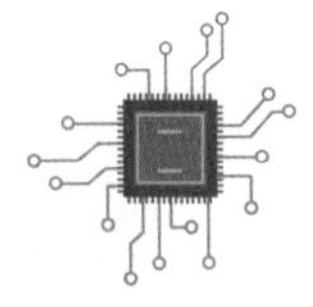

应用名称	组件名称	name值	功能
物联小车（二）	按钮	go	控制小车前进
		back	控制小车后退
		left	控制小车左转
		right	控制小车右转
		stop	小车停止
	滑块	speed	控制车速
	实时数据	distance	显示与障碍物的距离

物联小车（二）的组件在物联小车（一）的基础上，添加“实时数据”组件，并设置其name值为distance，用于在微信小程序中显示小车与障碍物之间的距离，如右图所示：

点“确定”即可更新“物联小车”应用中的控件，如下图所示：

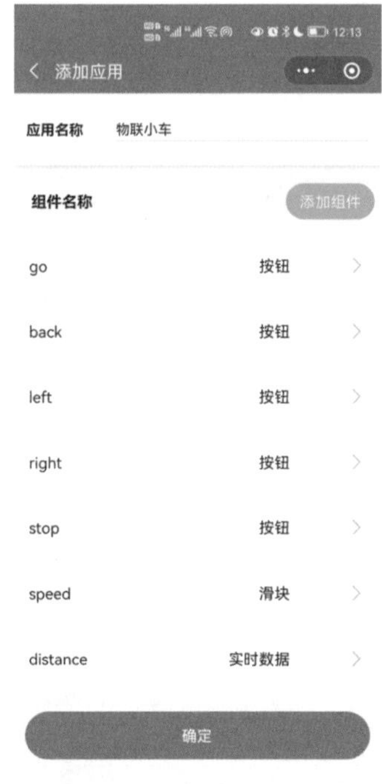

三、程序编写

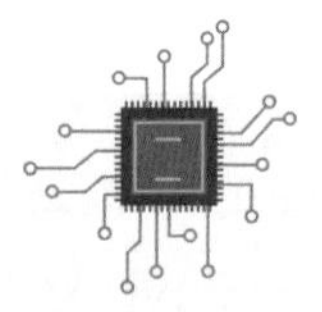

1.连接Wi-Fi及小程序设置

连接Wi-Fi及小程序设置参考前文，如右图所示：

```
连接 Wi-Fi 名称 ledongzk 密码 12345678 ，重试 5 次
小程序 选择掌控板应用
小程序 设置
服务器 “183.230.40.39”
设备ID “974401973”
产品ID “221628”
产品APIKey “efFqg=Il2eaLBYs4AfFurRnksgk=”
```

2.新建变量

新建变量“speed”，用于控制小车的车速，并将变量“speed”的值设定为50；新建变量“flag”，用于设定小车行走状态，并将变量“flag”的值设定为0，如右图所示：

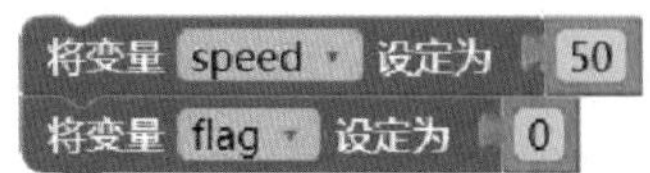

3.从微信小程序获取指令

当从小程序收到_name和_value时，如果_name等于“滑块”控件speed的值，将变量“speed”设定为其value值，打印变量“speed”，便于控制台查看；否则将变量“flag”设定为_name（即小车行走的五种状态：“go”“back”“left”“right”“stop”），如右图所示：

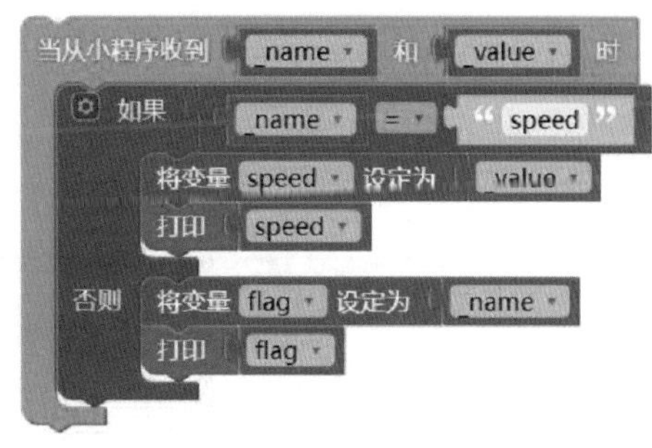

4.添加超声波积木块

点击脚本区的“拓展”—“添加”—“传感器”，添加超声波拓展块，如下图所示：

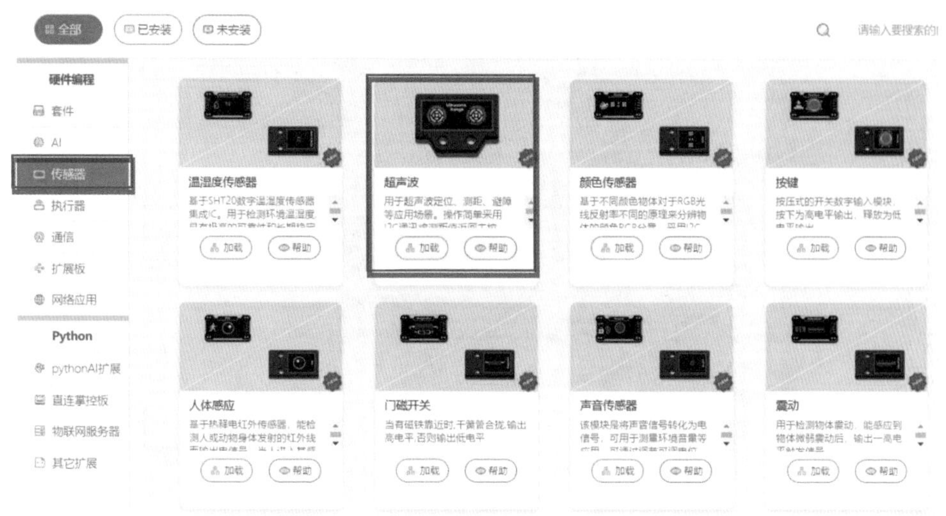

5. 设置小车跟随

如果超声波测得的距离值小于50厘米，则播放声音；并且如果距离值大于10厘米小于50厘米，即可远程控制小车的行驶状态，进而实现小车行驶效果；若距离值在有效区间之外，小车停止行驶，如右图所示：

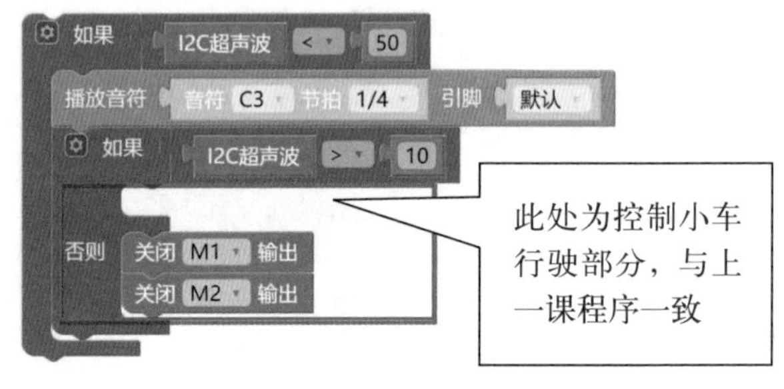

小车的前进、后退、左转、右转、停止设置，如下图所示：

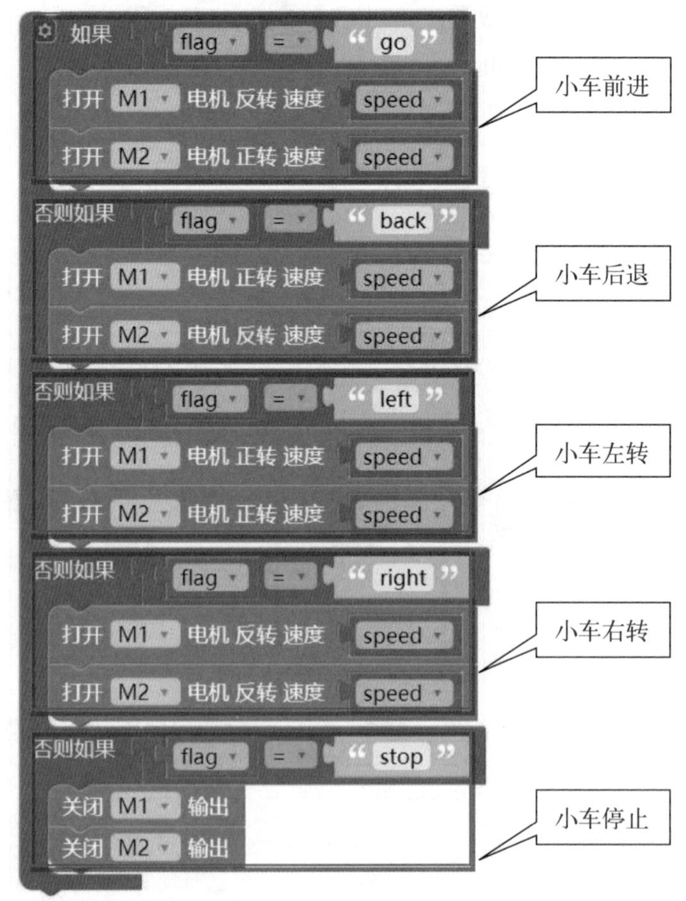

最终程序如下：

```
连接 Wi-Fi 名称 ledongzk 密码 12345678 重试 5 次
小程序 选择掌控板应用
小程序 设置
服务器 “183.230.40.39”
设备ID “974401973”
产品ID “221628”
产品APIKey “efFqg=Il2eaLBYs4AfFurRnksgk=”
将变量 speed 设定为 50
将变量 flag 设定为 0
当从小程序收到 name 和 value 时
    如果 name = “speed”
        将变量 speed 设定为 value
        打印 speed
    否则 将变量 flag 设定为 name
        打印 flag
一直重复
    打印 I2C超声波
    如果 I2C超声波 < 50
        播放音符 音符 C3 节拍 1/4 引脚 默认
        如果 I2C超声波 > 10
            如果 flag = “go”
                打开 M1 电机 反转 速度 speed
                打开 M2 电机 正转 速度 speed
            否则如果 flag = “back”
                打开 M1 电机 正转 速度 speed
                打开 M2 电机 反转 速度 speed
            否则如果 flag = “left”
                打开 M1 电机 正转 速度 speed
                打开 M2 电机 正转 速度 speed
            否则如果 flag = “right”
                打开 M1 电机 反转 速度 speed
                打开 M2 电机 反转 速度 speed
            否则如果 flag = “stop”
                关闭 M1 输出
                关闭 M2 输出
        否则 关闭 M1 输出
            关闭 M2 输出
```

上传程序后，单击微信小程序的“物联小车”应用就可以控制小车在安全区域行驶。最终效果图如下：

知识之窗

汽车自动防撞系统（automatic collision avoidance system），是防止汽车发生碰撞的一种智能装置。一种是通过计算机芯片对两车距离以及两车的瞬时相对速度进行处理后，判断两车的安全距离，如果两车车距小于安全距离，数据处理系统就会发出指令。还有一种是计算两车碰撞时间（TTC）来判断危险程度，进而做出报警及刹车指令，采取制动或规避等措施，以避免碰撞的发生。

四、头脑风暴

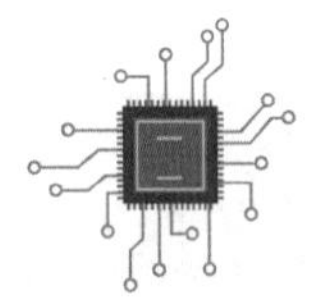

想一想，能不能根据与前车距离的远近，调节蜂鸣器声音的频率呢？同时能不能在汽车的后面加入超声波传感器和蜂鸣器，在倒车的时候提醒不要撞到障碍物呢？

马上行动

大家可以以小组的形式进行合作，尝试实现以下功能。

设计要求：

① 根据与前车距离的远近，调节蜂鸣器声音的频率。

② 在汽车的后面也加入超声波传感器和蜂鸣器，在倒车的时候能够提醒驾驶员不要撞到障碍物。

第四章

智慧农业

项目名称：聪明的蘑菇棚

项目目标

了解物联网在农业方面的应用，通过上网等方式了解蘑菇的生长习性，利用物联网技术创造适宜蘑菇的生长环境；感受和体验物联网为农业带来的便利；学会使用物联网改善周围环境，能结合生活实际设计一个聪明的蘑菇棚。

项目过程

设计思考：通过资料的收集与整理，设计一个聪明的蘑菇棚。

制作作品：通过网络、书籍等方式，查阅蘑菇的生长习性，设计聪明的蘑菇棚。

改进优化：提出实现聪明的蘑菇棚的优化策略，完善方案并交流。

交流分享：将制作过程中的快乐与朋友、家人分享。

项目总结

完成本章项目后，各小组提交项目学习成果（包括思维导图、项目学习记录单、项目成果等），开展作品交流与评价，体验小组合作、项目学习和知识分享的过程，认识物联网对农业的影响和价值。

第13课　智能避光系统

果果，我们要利用物联网协助蘑菇养殖，你有什么建议吗？

蘑菇喜欢待在阴暗潮湿的地方，光照太强会影响它们的生长！

那我们做一个智能避光系统，来助力蘑菇生长吧！

程序规则：微信小程序以及掌控板OLED可以实时显示当前环境的光线强度值，并且舵机的转动角度会随着光线强度值的变化而变化。

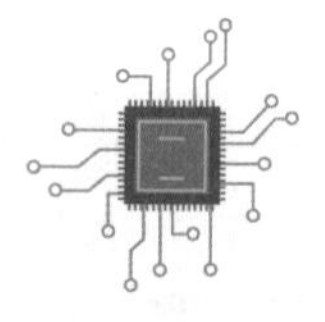

一、外接硬件

硬件	实物图	引脚	功能
舵机		P13	带动挡板，使光线值维持稳定
分支		GND/VCC/P13/P14	连接舵机

乐动掌控接舵机需要分支模块，分支模块接在乐动掌控的P13、P14上，操作引脚对应关系为：S1对应P13，S2对应P14，舵机接在三排引脚接口的S1上。接线如下图所示：

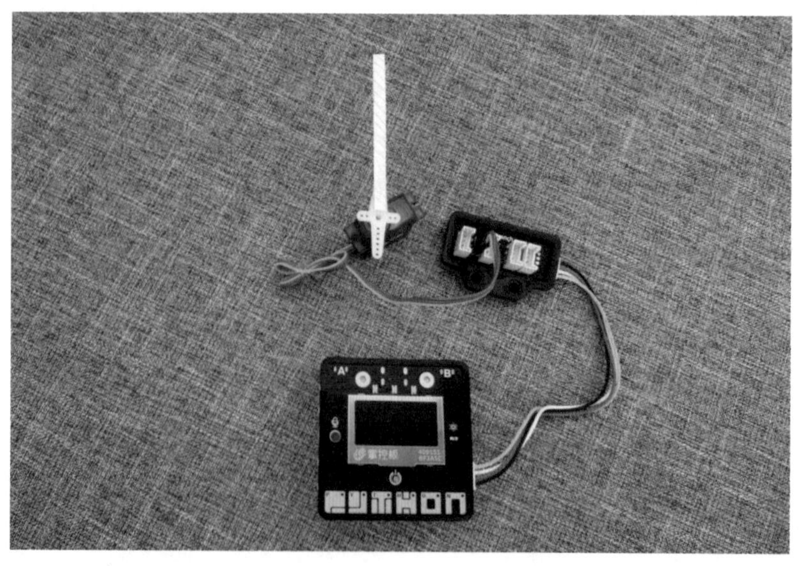

二、手机端设置

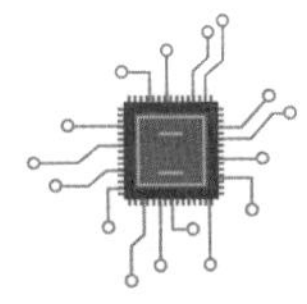

应用名称	组件名称	name值	功能
智能避光系统	折线图	light	获取实时光线值
	实时数据	light	获取实时光线值

打开“掌控板物联网”微信小程序，点击“我的应用”—“添加应用”，应用名称为“智能避光系统”，保留折线图组件，设置其name值为light，如下图所示：

添加“实时数据”组件，设置其name值为light，点击“确定”，如右图所示：

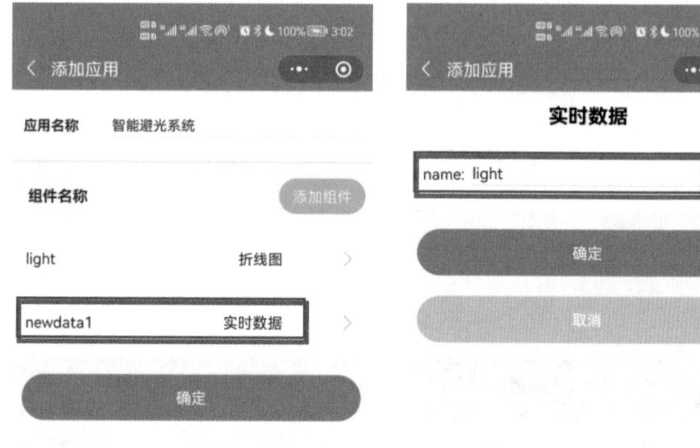

点“确定”即可添加“智能避光系统”应用，如右图所示：

三、程序编写

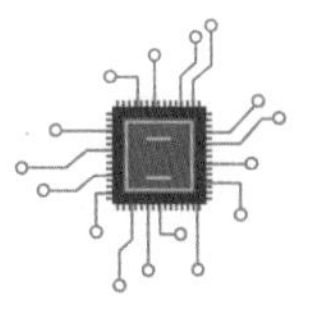

1. 连接Wi-Fi及小程序设置

连接Wi-Fi及小程序设置参考前文，如右图所示：

连接 Wi-Fi 名称 guokezhizao 密码 12345678 ，重试 5 次
小程序 选择掌控板应用 乐动掌控
小程序 设置
服务器 “183.230.40.39”
设备ID “974401973”
产品ID “221628”
产品APIKey “efFqg=Il2eaLBYs4AfFurRnksgk=”

2. 新建变量

新建变量“light_value”，用于存储光线值，将其值设定为0，如下图所示：

3. 映射光线值为舵机旋转角度

点击脚本区的数学模块分类，拖出“映射 10 从 0 , 100 到 0 , 200”积木块，该积木块的作用是将0～100中的10映射到0～200中，并返回映射值。

经过测试，掌控板光线传感器的数值在0～4095之间，映射光线值light_value从0～4095到0～120，即把光线值转化为舵机的旋转角度，如下图所示：

通过映射得到的结果可能是小数，而由于舵机的旋转角度为整数，所以需要添加一个四舍五入积木块，如下图所示：

4.显示实时光线值

向小程序发送数据流名称为“light”，值为变量“light_value”，与此同时，OLED第1行显示“智能避光系统”，OLED第3行显示实时光线值，如下图所示：

“  ”积木块的作用是在字符串“abc”后追加字符串“def”，得到的结果为“abcdef”。

最终程序如下：

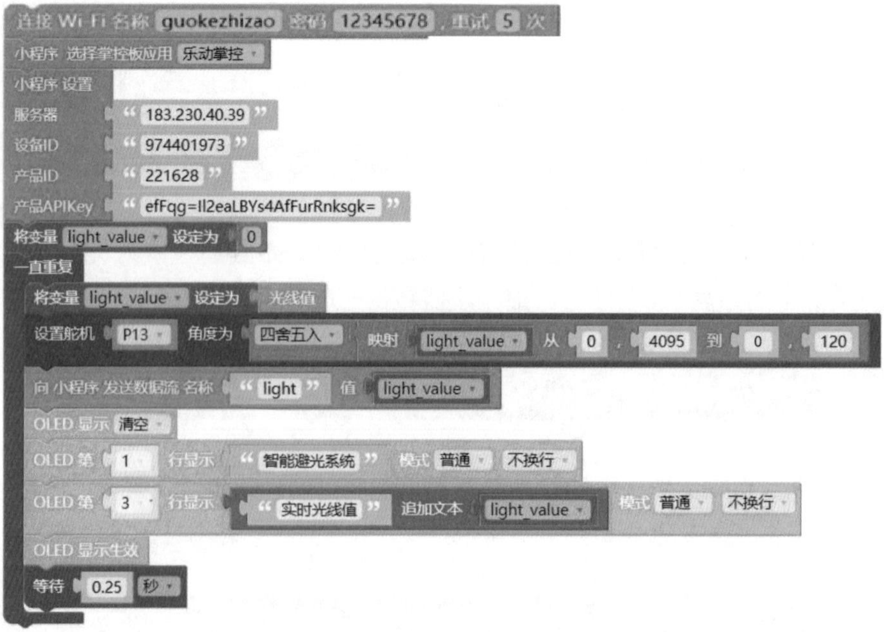

四、结构搭建

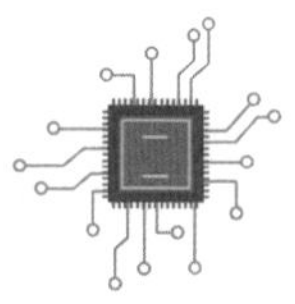

1. 材料准备

项目	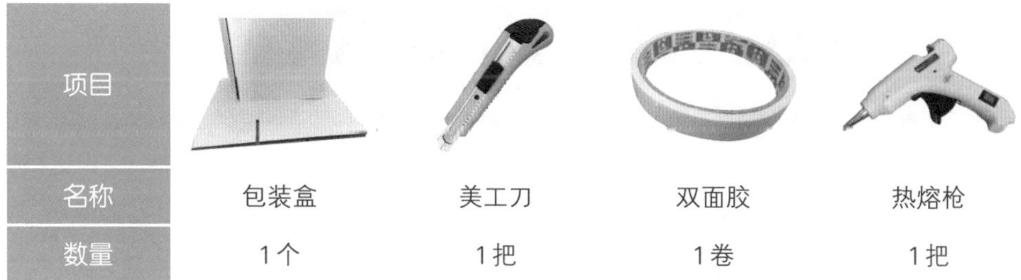			
名称	包装盒	美工刀	双面胶	热熔枪
数量	1个	1把	1卷	1把

2. 制作步骤

（1）预制外壳　打印“智能避光系统”标题，并粘贴在包装盒合适的位置，根据乐动掌控及相关元器件的尺寸，对包装盒进行挖空裁切。

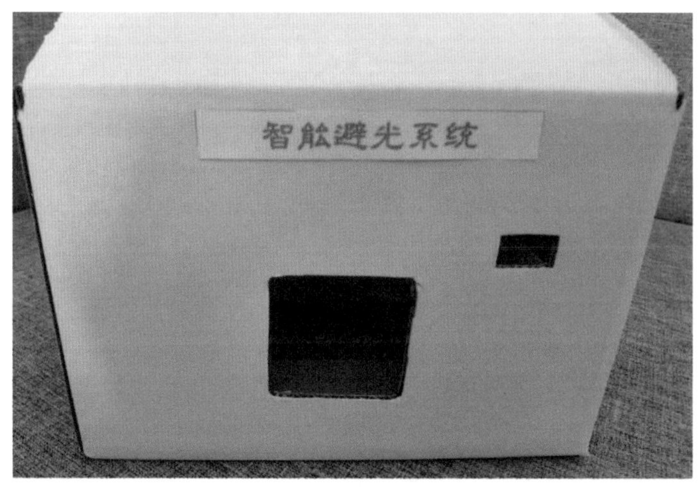

（2）元器件组装　将元器件安装在对应位置，并用热熔枪进行固定，上传测试程序。

（3）效果演示　微信小程序效果如下图所示：

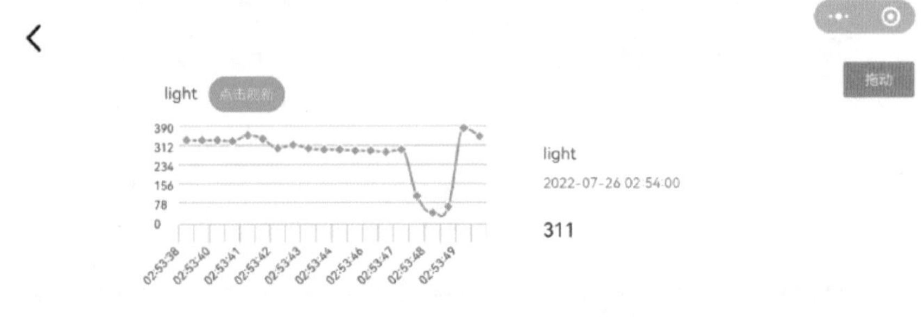

硬件效果如下图所示：

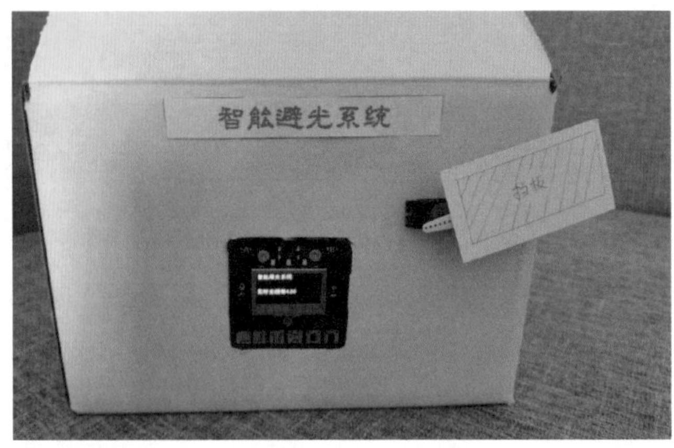

知识之窗

除了蘑菇，还有很多喜欢在阴暗潮湿的环境中生长的植物，我们称之为喜阴植物。常见的有铁线蕨、凤尾蕨、玉簪花、万年青、一叶兰、孔雀竹芋、绿萝、苔藓、吊兰等。其中，铁线蕨最喜欢生长在阴暗潮湿的环境当中，在生长过程中害怕见到强烈的日光照射。

头脑风暴

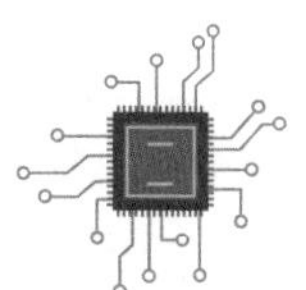

想一想，能不能添加LED灯，当蘑菇棚内光照适宜时，绿色LED灯亮，否则红色LED灯亮，怎样去实现呢？

大家可以以小组的形式进行合作，尝试实现这个功能。

设计要求：

① 添加LED灯，当蘑菇棚内光照适宜时，绿色LED灯亮，否则红色LED灯亮。

② 保证控制方式安全可靠。

第14课 温湿度通风

奇怪了，我们的蘑菇为什么不生长呢？

通过查阅资料，我发现蘑菇的生长需要适宜的温湿度，温湿度太高或太低都会抑制它的生长！

是的，蘑菇生长的适宜温度为25℃，湿度约为80%。

程序规则：温湿度通风分智能控制和远程控制两部分。远程控制是通过微信小程序中的开关控制风扇模块的开启与关闭，并实时显示当前环境的温湿度值；智能控制是根据当前环境温湿度的情况决定风扇模块的开启与关闭。

一、外接硬件

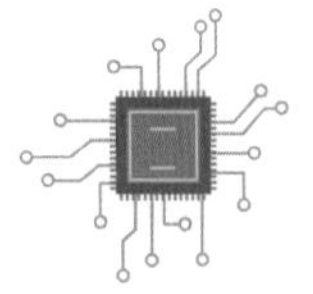

硬件	实物图	引脚	功能
温湿度传感器		I^2C	获取温湿度值
风扇		M1	电机接口

将温湿度传感器与掌控板的I^2C引脚相连，将风扇模块与掌控板的M1引脚相连。

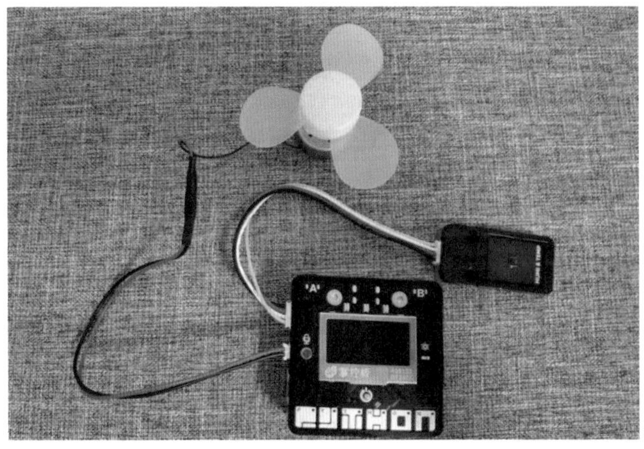

手机端设置

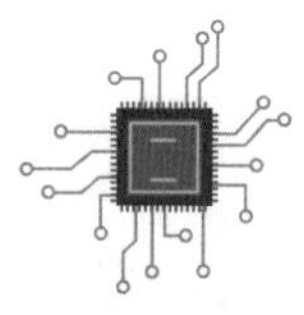

打开“掌控板物联网”微信小程序，点击“我的应用”—“添加应用”，应用名称为“温湿度通风”，保留开关组件，设置其name值为fan，关值为0，开值为1，如下图所示：

添加“实时数据”组件，设置其name值为temp，点击“确定”，如右图所示：

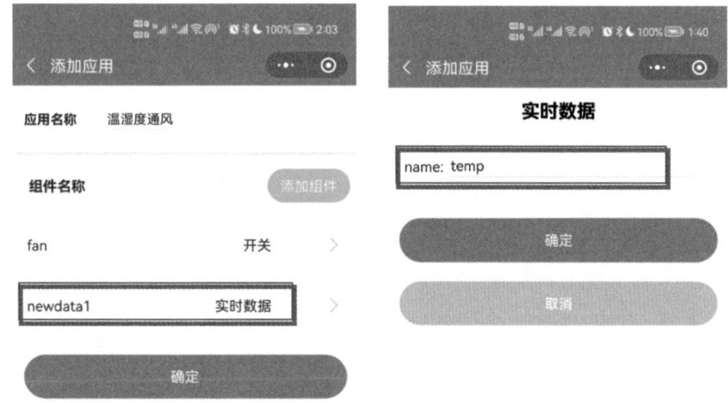

再次添加“实时数据”组件，设置其name值为humi，点击“确定”，如右图所示：

点“确定”即可添加“温湿度通风”应用，如下图所示：

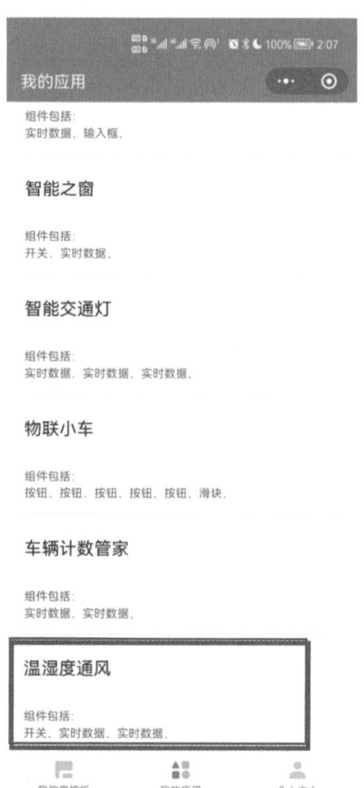

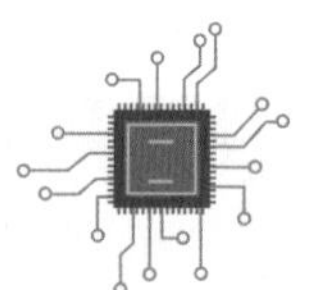

三、程序编写

1.连接Wi-Fi及小程序设置

连接Wi-Fi及小程序设置参考前文，如右图所示：

```
连接 Wi-Fi 名称 guokezhizao 密码 12345678 ，重试 5 次
小程序 选择掌控板应用 乐动掌控
小程序 设置
服务器 " 183.230.40.39 "
设备ID " 974401973 "
产品ID " 221628 "
产品APIKey " efFqg=Il2eaLBYs4AfFurRnksgk= "
```

2. 新建变量

新建变量“fan_flag”，用于远程控制风扇的开启与关闭；新建变量“temp”，用于存储温湿度传感器获取的温度值；新建变量“humi”，用于存储温湿度传感器获取的湿度值。三个变量的值都设定为0，如右图所示：

3. 从微信小程序获取指令

当从小程序收到_name和_value时，如果_name等于“开关”控件“fan”的值，将变量“fan_flag”设定为其value值，如右图所示：

4. 远程通风降湿

如果打开开关，即fan_flag=1，则打开M1电机，正转速度为“60”，如右图所示：

5. 智能通风降湿

如果关闭开关，即fan_flag=0，如果temp＞“25”或humi＞“70”，则M1电机正转，速度为“60”；否则关闭电机。如下图所示：

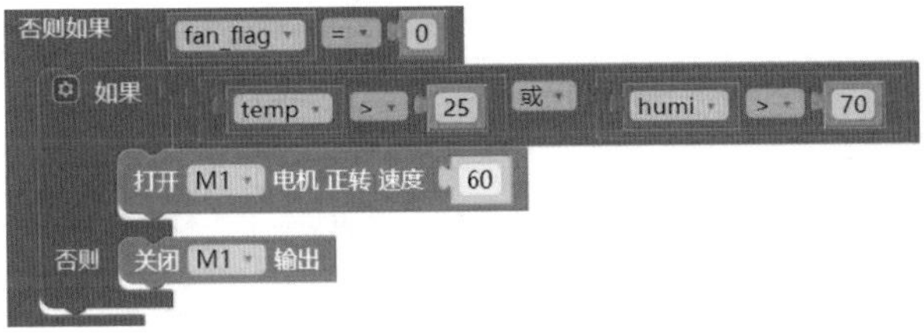

6. 实时显示温湿度

向小程序发送温度：数据流名称为“temp”，值为变量temp。

向小程序发送湿度：数据流名称为“humi”，值为变量humi。

与此同时，OLED实时显示当前温湿度，如下图所示：

```
向小程序发送数据流 名称 “temp” 值 temp
向小程序发送数据流 名称 “humi” 值 humi
OLED 显示 清空
OLED 第 1 行显示 “实时温度” 追加文本 temp 模式 普通 不换行
OLED 第 2 行显示 “实时湿度” 追加文本 humi 模式 普通 不换行
OLED 显示生效
```

最终程序如下：

```
连接 Wi-Fi 名称 guokezhizao 密码 12345678 重试 5 次
小程序 选择掌控板应用 乐动掌控
小程序 设置
服务器 “183.230.40.39”
设备ID “974401973”
产品ID “221628”
产品APIKey “efFqg=Il2eaLBYs4AfFurRnksgk=”
将变量 fan flag 设定为 0
将变量 humi 设定为 0
将变量 temp 设定为 0
当从小程序收到 name 和 value 时
    如果 name = “fan”
        将变量 fan flag 设定为 value
一直重复
    将变量 temp 设定为 I2C 温度
    将变量 humi 设定为 I2C 湿度
    如果 fan flag = 1
        打开 M1 电机 正转 速度 60
    否则如果 fan flag = 0
        如果 temp > 25 或 humi > 70
            打开 M1 电机 正转 速度 60
        否则
            关闭 M1 输出
    向小程序发送数据流 名称 “temp” 值 temp
    向小程序发送数据流 名称 “humi” 值 humi
    OLED 显示 清空
    OLED 第 1 行显示 “实时温度” 追加文本 temp 模式 普通 不换行
    OLED 第 2 行显示 “实时湿度” 追加文本 humi 模式 普通 不换行
    OLED 显示生效
    等待 1 秒
```

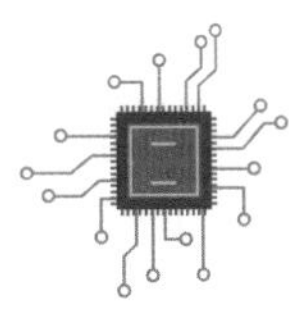

四、结构搭建

1. 材料准备

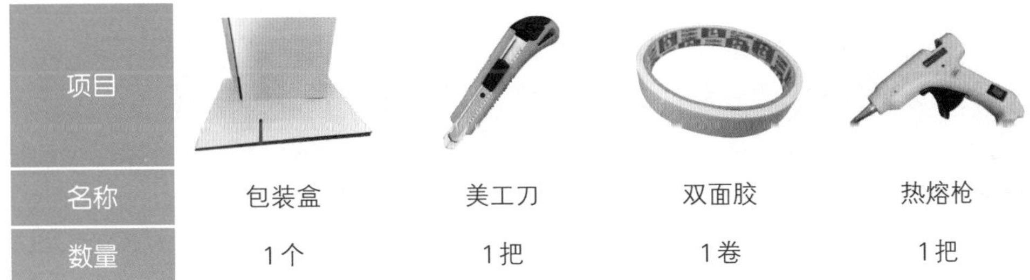

项目				
名称	包装盒	美工刀	双面胶	热熔枪
数量	1个	1把	1卷	1把

2. 制作步骤

（1）预制外壳　打印“温湿度通风”标题，并粘贴在包装盒合适的位置，根据乐动掌控及相关元器件的尺寸，对包装盒进行挖空裁切。

（2）元器件组装　将元器件安装在对应位置，并用热熔枪进行固定，上传测试程序。

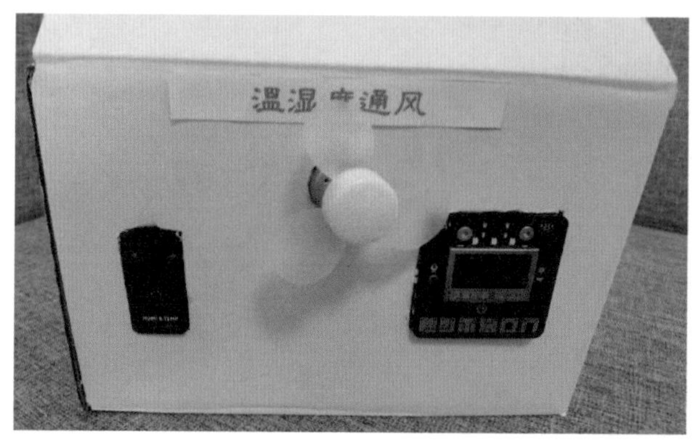

（3）效果演示　如果掌控板接收到开关发出的指令为“1”，那么风扇模块开始转动；如果接收到的命令为“0”，风扇模块会根据当前环境的温湿度值进行控制。当温度或者湿度值高于蘑菇适宜生存的条件时，风扇打开通风；当温度或者湿度值适宜蘑菇生存时，风扇则关闭，以保持当前环境温湿度。

微信小程序效果如下图所示：

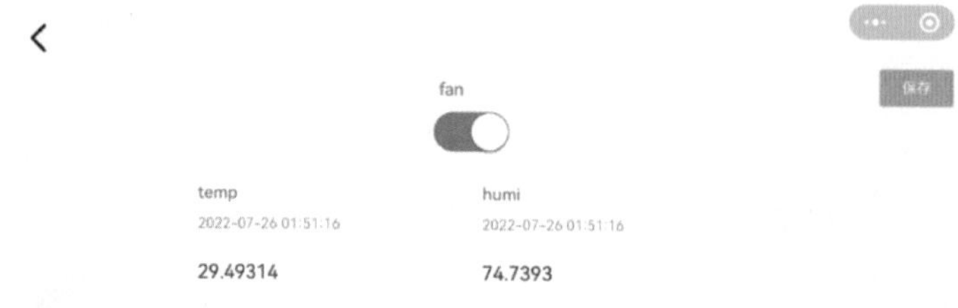

硬件效果如下图所示：

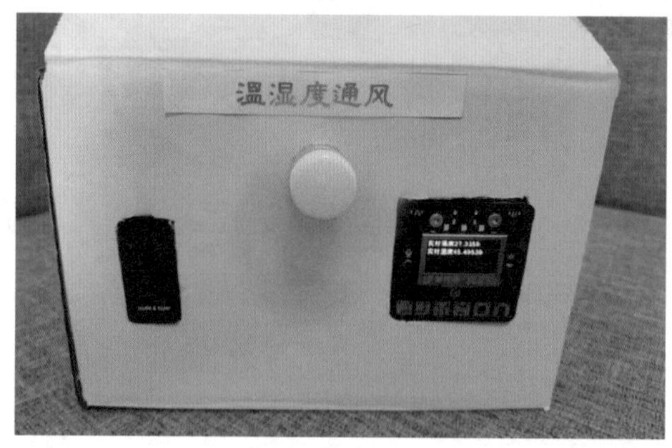

知识之窗

许多人不能清楚辨别众多食用菌，所以统称为蘑菇，其实蘑菇在生产上专指一种菇，那就是双孢菇，又叫白蘑菇。蘑菇在世界上栽培范围很广、栽培面积很大，在许多地区是农户的主要经济来源。栽培蘑菇需要适宜的温度、营养、水分、光照、空气等。

五、头脑风暴

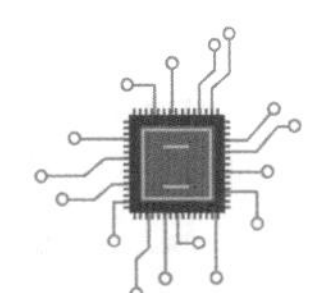

想一想，能不能添加蜂鸣器，当蘑菇棚内温湿度异常时，蜂鸣器响，并向小程序发送“紧急求助信号”，怎样去实现呢？

马上行动

大家可以以小组的形式进行合作，尝试实现这个功能。

设计要求：

① 添加蜂鸣器，当蘑菇棚内温湿度异常时，蜂鸣器响，并向微信小程序发送“紧急求助信号”。

② 保证控制方式安全可靠。

第15课　智能浇灌

蘑菇生长过程中需要充足的水分，我却经常忘记给它们浇水。

这个简单，我们可以为蘑菇棚设计一个自动浇水装置！

能够自动浇水，太酷了！

智能浇灌系统分为智能控制与远程控制两部分。远程控制是通过微信小程序中的开关组件控制水泵的开与关；智能控制是根据当前土壤湿度的情况决定水泵的开与关，并在小程序中实时显示当前土壤环境的湿度值。

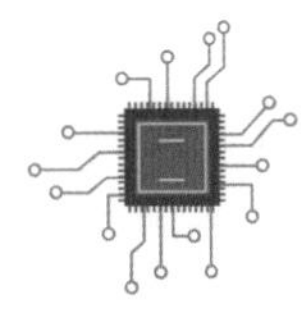

一、外接硬件

硬件	实物图	引脚	功能
水泵		M1	抽水
土壤湿度传感器		P0	获取土壤湿度

将土壤湿度传感器与掌控板的P0引脚相连；将水泵与掌控板的M1引脚相连，如右图所示。

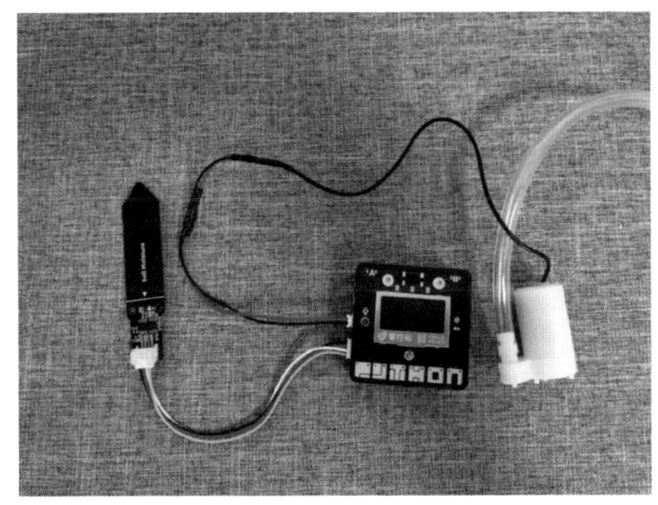

本项目采用的土壤湿度传感器是一个简易的水分传感器，可用于检测土壤的水分，数值在0～100之间。当土壤缺水时，传感器输出值将减小，反之将增大。可通过调节可调电位器，调节触发阈值。

二、手机通信

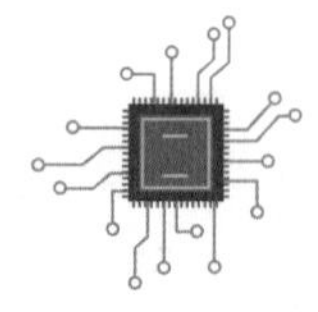

应用名称	组件名称	name值	功能
智能浇灌	开关	water_pump	控制水泵工作状态
	实时数据	soilmoisture	获取土壤湿度值

打开“掌控板物联网”微信小程序，点击“我的应用”—“添加应用”，应用名称为“智能浇灌”，保留开关组件，设置其name值为water_pump，关值为0，开值为1，如下图所示：

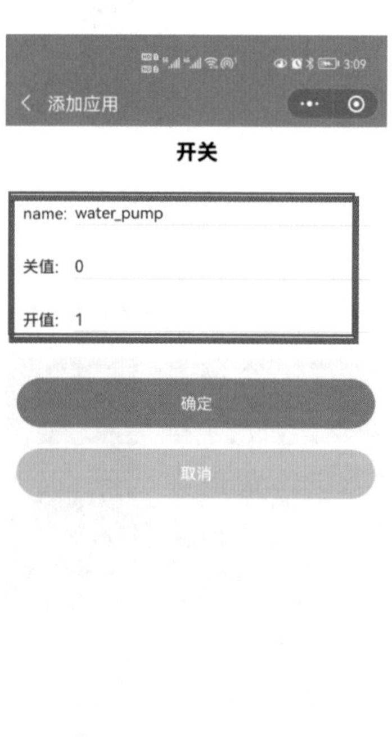

添加“实时数据”组件，设置其name值为soilmoisture，点击“确定”，如右图所示：

点“确定”即可添加“智能浇灌”应用，如右图所示：

三、程序编写

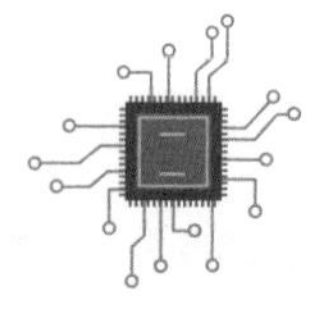

1.连接Wi-Fi及小程序设置

连接Wi-Fi及小程序设置参考前文，如右图所示：

2.新建变量

新建变量“water_pump”，用于控制水泵的状态；新建变量“soilmoisture”，用于存储土壤湿度传感器获取的土壤湿度值。两个变量的初始值都设定为0，如下图所示：

3.从微信小程序获取指令

当从小程序收到_name和_value时，如果_name等于开关控件“water_pump”的值，将变量“water_pump”设定为其value值，如下图所示：

4.添加土壤湿度积木块

在mPython中，点击脚本区的“拓展”—“添加”，在弹出的窗口点击“传感器”，选择“土壤湿度（乐动）”加载即可，如下图所示：

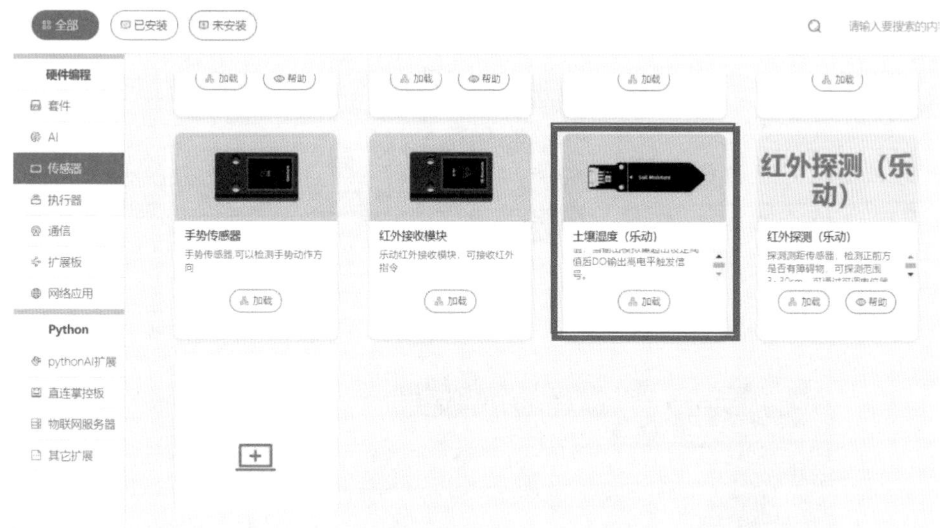

该拓展内含一个“土壤湿度（乐动版本）引脚 P0”积木块，用于获取土壤湿度。

5.远程浇水

将变量“soilmoisture”设定为土壤湿度传感器获取的土壤湿度值，如果开关组件的值为1，表示远程浇水模式激活，水泵开始工作。

将变量 soilmoisture 设定为 土壤湿度（乐动版本）引脚 P0
如果 water_pump = 1
打开 M1 电机 正转 速度 60

该积木块可用于开启水泵抽水

6.智能控制

如果开关组件的值为0，表示远程浇水模式关闭，如果土壤湿度值小于“50”，水泵开始工作，否则水泵停止工作。

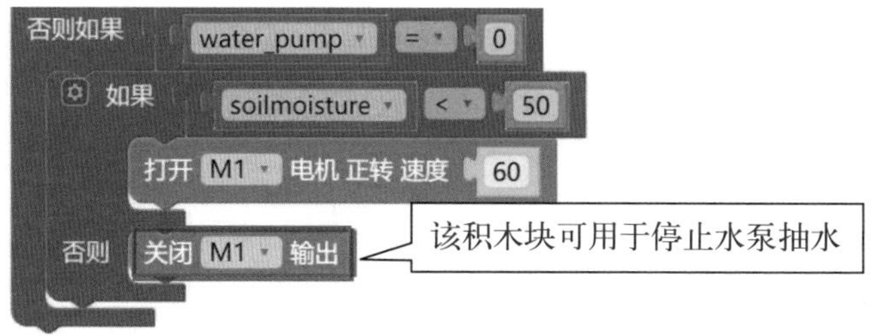

7.实时显示土壤湿度值

向小程序发送土壤湿度值，名称为“soilmoisture”；与此同时，OLED实时显示当前土壤湿度，如右图所示：

最终程序如下：

```
连接 Wi-Fi 名称 yumin531 密码 12345678 , 重试 5 次
小程序 选择掌控板应用
小程序 设置
服务器 “183.230.40.39”
设备ID “974401973”
产品ID “221628”
产品APIKey “efFqg=Il2eaLBYs4AfFurRnksgk=”
将变量 water_pump 设定为 0
将变量 soilmoisture 设定为 0
当从小程序收到 _name 和 _value 时
    如果 _name = “water_pump”
        将变量 water_pump 设定为 _value
一直重复
    将变量 soilmoisture 设定为 土壤湿度（乐动版本）引脚 P0
    如果 water_pump = 1
        打开 M1 电机 正转 速度 60
    否则如果 water_pump = 0
        如果 soilmoisture < 50
            打开 M1 电机 正转 速度 60
        否则
            关闭 M1 输出
    向 小程序 发送数据流 名称 “soilmoisture” 值 soilmoisture
    OLED 显示 清空
    OLED 第 1 行显示 “智能浇灌” 模式 普通 不换行
    OLED 第 2 行显示 转为文本 soilmoisture 模式 普通 不换行
    OLED 显示生效
    等待 1 秒
```

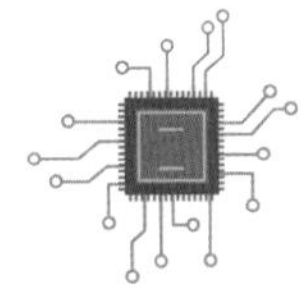

四、结构搭建

1. 材料准备

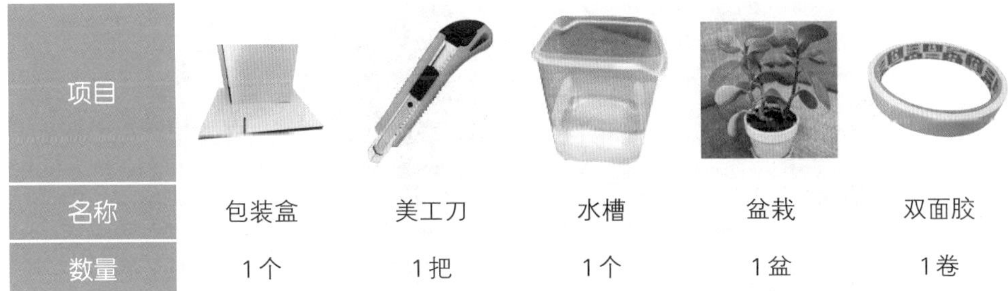

项目					
名称	包装盒	美工刀	水槽	盆栽	双面胶
数量	1个	1把	1个	1盆	1卷

2. 制作步骤

（1）预制外壳　打印“智能浇灌”标题，并粘贴在包装盒合适的位置，根据乐动掌控及相关元器件的尺寸，对包装盒进行挖空裁切。

（2）元器件组装　添加如下所示的元器件组装，在水槽中装入适量水，把水泵放在水槽中，把水管放在花盆中。

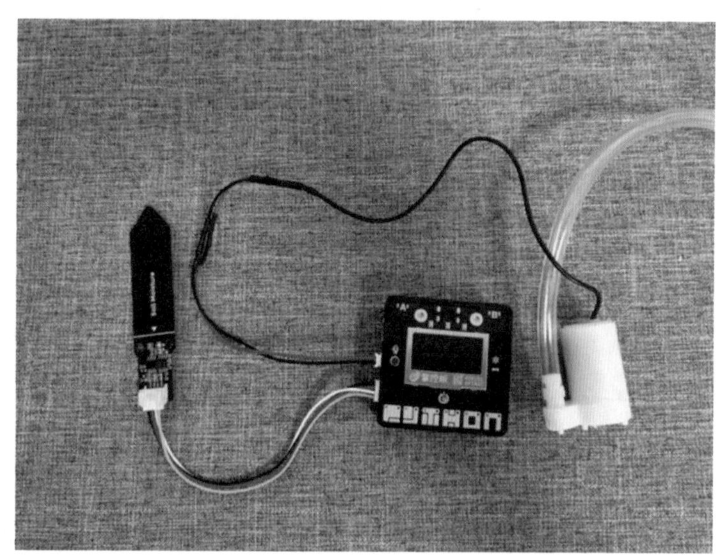

（3）效果演示

① 远程控制部分：如果掌控板接收到手机发出的命令为“1”，那么水泵开始工作。

② 智能控制部分：如果掌控板接收到手机发出的命令为“0”，表示智能控制开启，水泵会根据当前土壤环境的湿度值进行控制。当土壤湿度值小于50时，水泵开始工作；当土壤湿度值大于等于50时，水泵停止工作。

微信小程序效果如下图所示：

硬件效果如下图所示：

知识之窗

土壤湿度亦称土壤含水率，是表示土壤干湿程度的物理量。用土壤含液态水重占烘干土重的百分率表示，则称土壤质量湿度。如用土壤水分容积占单位土壤容积的百分率表示，则称土壤容积湿度。通常说的土壤湿度，即指土壤质量湿度。还可以用土壤含水量相当于田间持水量或饱和持水量的百分率来表示土壤湿润程度，称土壤相对湿度。

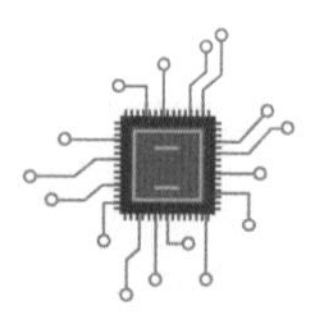

五、头脑风暴

想一想，能不能优化程序，利用“高级”模块分类中的“音频”，为本项目添加语音提醒？

马上行动

大家可以以小组的形式进行合作，尝试实现这个功能。

设计要求：

① 优化程序，利用“音频”模块分类中的模块，录制提醒音频。

② 保证控制方式安全可靠。

第16课　聪明的蘑菇棚

农业物联网太赞了，我们的蘑菇棚功能太强大了！

是啊，它可以自动通风、避光、浇水，还可以远程控制。

棒极了！

humi
2022-07-27 16 26 13
67.50652

light
2022-07-27 16 26 13
386

fan

temp
2022-07-27 16 26 13
29.60039

soilmoisture
2022-07-27 16 26 13
51.5

wate...

参考前三课的学习，我们在微信小程序中新建“聪明的蘑菇棚”应用，并进行“聪明的蘑菇棚”综合项目的程序编写。

外接硬件

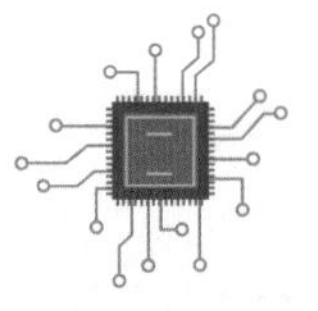

硬件	实物图	引脚
温湿度传感器		I^2C
土壤湿度传感器		P0
风扇		M1
水泵		M2
舵机（需分支）	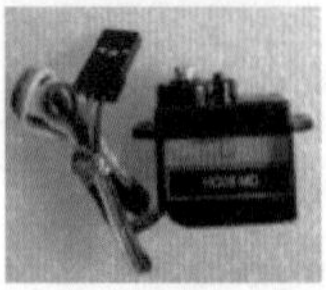	P13
分支模块	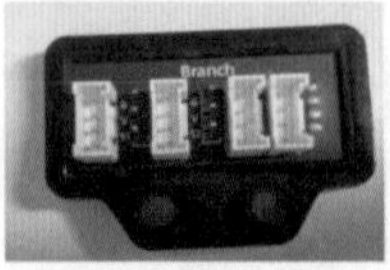	GND/VCC/P13/P14

将温湿度传感器与乐动掌控的I^2C引脚相连；将土壤湿度传感器与P0相连；将风扇与M1相连；将水泵与M2相连；舵机的连接需要拓展分支，与P13相连。接线如右图所示：

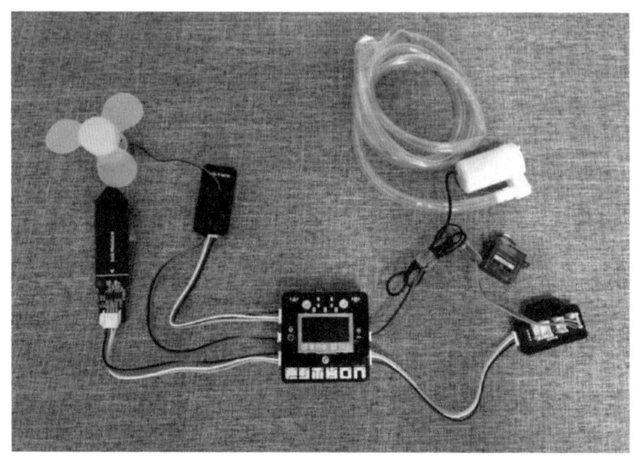

二、模型构想

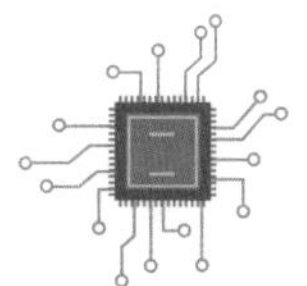

我们利用5W1H分析法搭建聪明的蘑菇棚外形及棚内自动控制系统。蘑菇的生长需要适宜的环境，比如通风、光照、水分等。查阅资料，确定蘑菇的生长习性，完成以下表格：

项目分析	温湿度通风	智能避光	智能浇灌
why（原因）			
where（地点）			
who（人员）			
what（做什么）			
when（何时）			
how（如何实现）			

5W1H（WWWWWH）分析法也叫六何分析法，是一种开发创造性思维的思考技法，在日常工作、生活和学习中有广泛的应用。对于选定的项目或操作，

5W1H分析法都要从原因（何因why）、对象（何事what）、地点（何地where）、时间（何时when）、人员（何人who）、方法（何法how）这六个方面引导人们提出问题并进行思考。

蘑菇棚参考示意如下图所示：

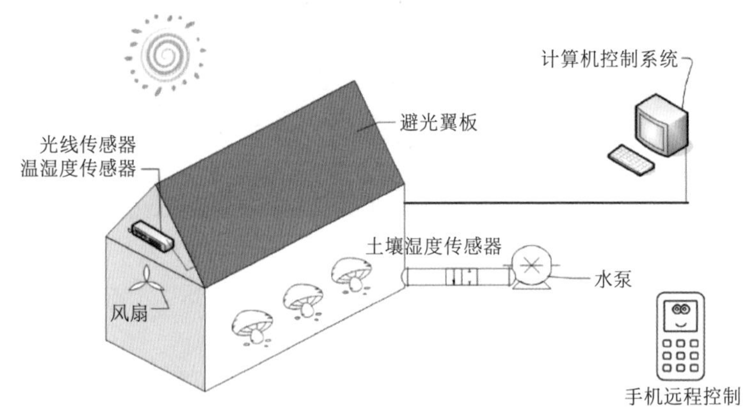

编程参考

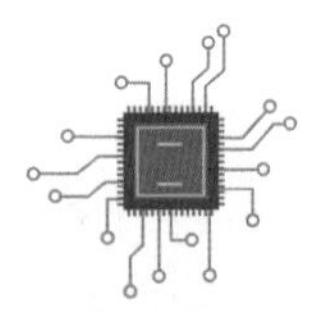

1.微信小程序设置

序号	组件名称	name值	功能
1	开关	water_pump	控制水泵工作状态
2		fan	控制舵机，保持光照平衡
3	实时数据	soilmoisture	获取实时土壤湿度
4		temp	获取实时温度
5		humi	获取实时湿度
6		light	获取实时光线值

2. 最终程序

最终程序（供参考）如下所示：

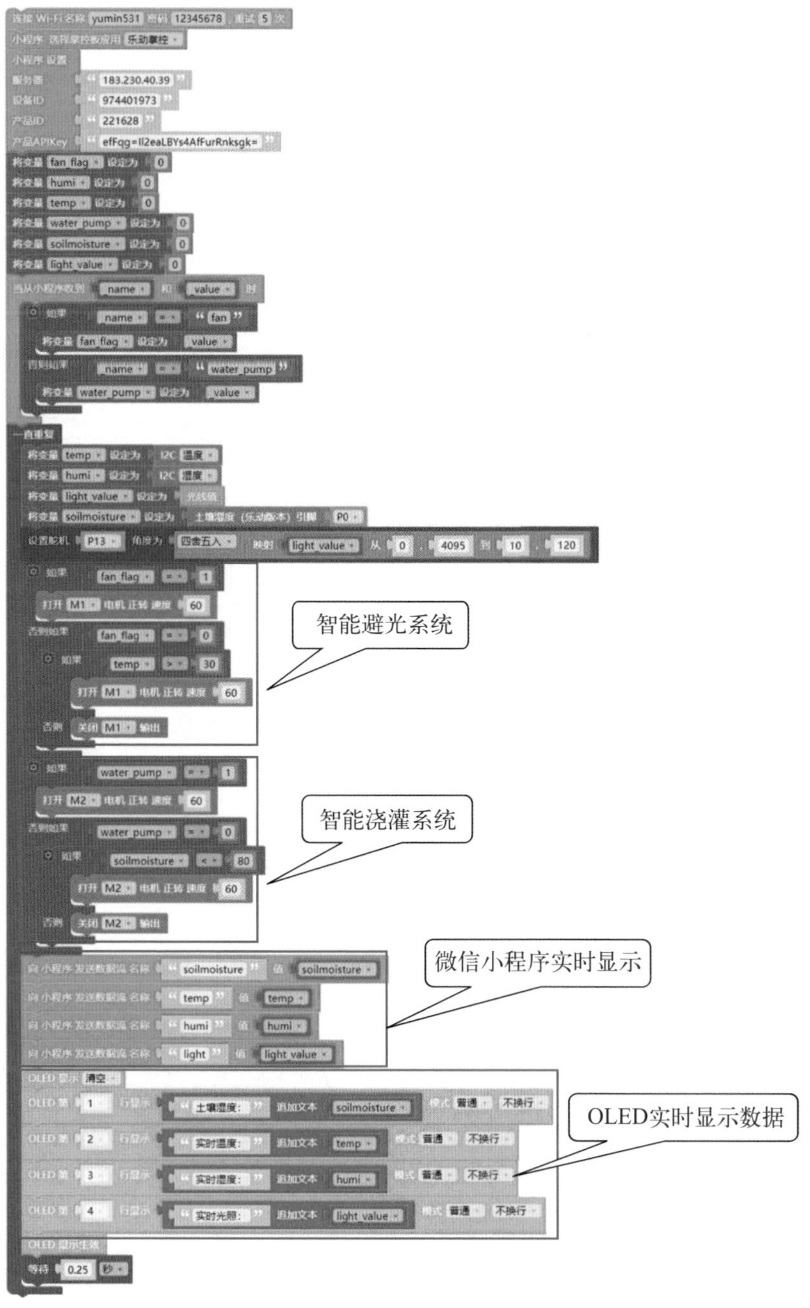

结构搭建

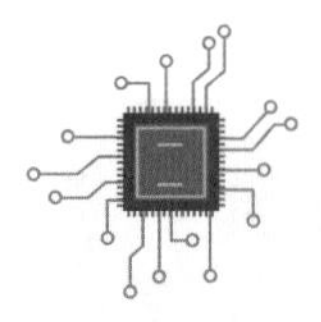

温室（greenhouse），又称暖房，是能透光、保温（或加温），用来栽培植物的设施。大棚只是简单的塑料薄膜和骨架结构，其内部设施很少，没有温室的要求高。但从广义上说，大棚就是温室的一种。使用它的目的是维持一定的温度。

1. 确定外形

查阅资料，组内一起讨论，交流每个人的想法，确立蘑菇棚外形。记录小组的项目内容、项目目标、人员分工。

____

____

____

____

2. 选定材料

查阅资料，组内一起讨论，交流每个人的想法，选定制作蘑菇棚的材料。记录小组的项目内容、项目目标、人员分工。

____

____

____

____

3.搭建模型

组内一起动手，根据确定的蘑菇棚外形及选定的材料，搭建蘑菇棚模型。记录小组的项目内容、项目目标、人员分工。

____

____

____

知识之窗

农业物联网运用物联网系统的温度传感器、湿度传感器、pH值传感器、CO_2传感器等设备，检测环境中的温度、相对湿度、pH值、光照度、CO_2浓度等物理量参数，可以为温室精准调控提供科学依据，达到增产、改善品质、调节生长周期、提高经济效益的目的。远程控制的实现使技术人员在办公室就能对多个大棚的环境进行监测控制。采用无线网络来测量获得作物生长的最佳条件。

头脑风暴

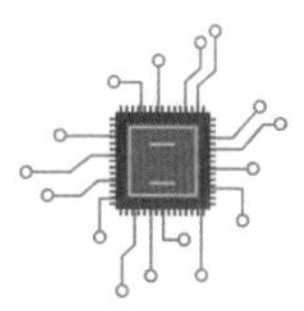

想一想，能不能根据本章所学知识，通过网络搜索等方式了解小鸡孵化所需条件，设计一款小鸡孵化器，怎样去实现呢？

大家可以以小组的形式进行合作，尝试实现这个功能。

设计要求：

① 根据本章所学知识，通过网络搜索等方式了解小鸡孵化所需条件，设计一款小鸡孵化器。

② 保证控制方式安全可靠。